很经典的人生歪理

释颢◎编著

☰ 中国華僑出版社

·北 京·

图书在版编目 (CIP) 数据

很经典的人生歪理 / 释颢编著 .—北京：中国华侨出版社，
2012.9（2025.1 重印）
ISBN 978-7-5113-2476-4

Ⅰ . ①很… Ⅱ . ①释… Ⅲ . ①人生哲学 – 通俗读物
Ⅳ . ① B821–49

中国版本图书馆 CIP 数据核字（2012）第 110299 号

很经典的人生歪理

编　　著：释　颢	
责任编辑：刘晓燕	
封面设计：周　飞	
经　　销：新华书店	
开　　本：710 mm×1000 mm　1/16 开　　印张：12　字数：136 千字	
印　　刷：三河市富华印刷包装有限公司	
版　　次：2012 年 9 月第 1 版	
印　　次：2025 年 1 月第 2 次印刷	
书　　号：ISBN 978-7-5113-2476-4	
定　　价：49.80 元	

中国华侨出版社　北京市朝阳区西坝河东里 77 号楼底商 5 号　邮编：100028
发 行 部：（010）64443051　　　　　　传　真：（010）64439708

如果发现印装质量问题，影响阅读，请与印刷厂联系调换。

前 言

请注意，这是一本专讲"歪理"的"歪书"。但是，当你读过这本书之后，你会发现，书中的"歪理"不仅很经典，而且很有用。

正所谓"有理走遍天下，无理寸步难行"，在这个世界上，万事万物都扛不过一个"理"字。所以，有些人把"理"当做了自己毕生追求的目标，老子、孔子、哥白尼、布鲁诺是这些人中的杰出代表。当然，他们追求的是真理，是正道，他们是伟人。

而我们普通人不妨研究些小歪理，追逐些实用之道。要知道，很多时候歪理会比真理更加有用，让这些歪理为我们平凡的人生真真正正地充实起来，这样不也挺好。

你还别不信。比如，人们经常说，"好汉不吃眼前亏"，但在生活中，我们真的就能不吃一点亏吗？试想一下，如果你处处想着占便宜，让别人得不到一点甜头，别人自然会远离你。这下我们学到了，对待生活，千万不要过于较劲，认死理。

你看，这就是歪理。告诉你，这个世界上有很多事情，不是用那些真理可以解释得了的。因此，才会出现了那么多的歪理。但不管是真理还是歪理，只要对我们真正有所帮助才是最重要的，这也是作者编写并出版这本《很经典的人生歪理》的目的。

本书分为人生哲学、思想观念、职场应对、生活八卦四大篇。当你翻开这本书的时候，你就可以从这四篇当中明白，在我们身边，真的就有那么多歪理，可以让你看清这个世界的本质，真的就有那么多的岔道，可以让我们抄个近路，奔向成功。

当然，成功不会从天而降，不管是歪理，还是真理，这都需要我们不断地去奋斗，去折腾。如此，才能够让未来的路走得更平稳。当你怀着成长的心愿打开这本书，并愿意用谦卑的态度向周围的世界学习时，那么恭喜你，你已经比以前成熟了许多。

目 录

人生哲学篇
颠覆传统观念，摆正我的影子

第一章　歪理心态
002
——给心情一个不一样的弧度

思想观念篇
倾斜着的角度，更另类的创意

职场应对篇
办公室内外，歪理也是硬道理

120 第二章　歪揽人脉
——找到志同道合的歪理同盟

 生活八卦篇
歪理歪理，抓住幸福就是好理

140 第一章　麻辣爱情
——没道理的道理才是真道理

162 第二章　亲情维系
——用歪理制造搞笑的温馨

人生哲学篇

颠覆传统观念，摆正我的影子

第一章　歪理心态
——给心情一个不一样的弧度

❀❀❀❀❀❀❀❀❀❀❀❀❀❀❀❀❀❀❀❀

人生并非只有一个角度可供选择，颠覆了自己，说不定就是最好的自己。每一个弧度都必然是不规则的，有时候让自己的心态偏离一下正常轨道，说不定也是一个不错的选择。

歪理一：没人会永远成功，也没人会永远倒霉

这个世界上，成功忙着挑选人，倒霉也真的没闲着。两个人都很忙，不是什么时候都能将眷顾倾注在你头上，所以别期待什么永远。成功不会永远青睐你，倒霉也没那么多时间跟你起腻……

在《孟子·告子下》中，有这样一段我们耳熟能详的话："故天将降大任于斯人也，必先苦其心志，劳其筋骨，饿其体肤，空乏其身，行拂乱其所为，所以动心忍性，曾益其所不能。"相信这段话曾激励过很多人在逆境中锲而不舍、奋发向上。

然而，在励志的同时，这段经典的语言往往让我们想起头悬梁、锥

刺股、凿壁偷光等历尽"苦难"的故事。这使一些人对成功的理解产生了错觉：成功太难，不流几桶汗，不付出惨重的代价简直是不可能的。成功的历程真的这么复杂和困难吗？

在如今的社会里，人们愈来愈渴望体现自身的价值，愈来愈向往成功的风光。随着人们对成功的关注达到一个前所未有的高度，人们对成功的理解也越来越深刻，对实现成功的方法解读得也越来越多。那么，哪一种方法才是最直接有效的呢？难道只有艰难曲折这一途径吗？

其实，成功真的没有那么复杂。《为学》开篇讲道："天下事有难易乎？为之，则难者亦易矣；不为，则易者亦难矣。"很多事情，不必搞得那么复杂，不必瞻前顾后，只要你"为之"，可能一切问题就会马上迎刃而解。人们之所以苦心孤诣地去追求成功，却不得其门而入，很多时候是因为陷入了心理上的误区——把简单的事情复杂化。其实，成功没那么复杂。

库佐寥夫是苏联的火箭专家，有一段时间，他为解决火箭上天的推力问题而苦恼万分，并为此食不甘味、日夜不安。

他的妻子看他这么烦恼，便对他说："这有什么难的呢？就像吃面包一样，一个不够再加一个，如果还不够，那就继续增加。"

库佐寥夫一听，顿时茅塞顿开，于是他采用了三节火箭捆绑在一起进行接力的办法，马上解决了火箭上天的推力难题。

原来，复杂的火箭上天难题的解决办法一点都不复杂，就是一个简单的数学加法，一个不行就两个，两个不行就三个。一个家庭主妇地想法、一个简单的理念，往往就会成为事业成功的契机；而如果纠结于复杂化的思想与思路，反而会钻进牛角尖，让成功变得遥不可及。

其实，人世中的许多事，并没有想象中那么困难，不是让你"上九天揽月，下五洋捉鳖"，普通人只要想做、去做，就很容易做到。而困难就像投射在荧幕上的皮影戏，看着很强大，实际上很弱小。造物主不会让人永远倒霉，只要你踏踏实实地向前走，那道门槛就很容易跨过，而成功便是水到渠成。

1965 年，一位韩国学生到剑桥大学主修心理学。他经常在喝下午茶的时间里到学校的咖啡厅或茶座听一些成功人士聊天。这些成功人士包括诺贝尔奖获得者、某些领域的学术权威和一些创造了经济神话的人。这些风趣幽默的成功人士并没有把成功看得多么困难和复杂，他们都认为自己的成功是非常自然和顺理成章的事情。

时间长了，这位韩国学生发现，自己以前被一些成功人士欺骗了。那些人总是夸张地渲染自己的经历，普遍把自己的创业艰辛夸大了。看来，他们不过是让在创业的人知难而退，吓唬那些还没有取得成功的人罢了。

作为心理系的学生，他决定把这种心态作为研究课题。其实，这种现象在东方甚至在世界各地普遍存在，但此前还没有一个人大胆地提出来并深入研究。1970 年，他把《成功并不像你想象得那么难》作为毕业论文，提交给现代经济心理学的创始人威尔·布雷登教授。布雷登教授读后，大为惊喜。

惊喜之余，威尔·布雷登教授写信给他的剑桥校友——当时正坐在韩国政坛第一把交椅上的朴正熙。他在信中说："我不敢说这部著作对你有多大的帮助，但我敢肯定它比你的任何一个政令都能产生震撼。"

后来这本书果然鼓舞了许多人，青年本人也成了韩国泛业汽车公司的总裁。这本书从一个新的角度告诉人们，成功不一定要你付出多少艰辛，成功之前不一定非要经历"头悬梁，锥刺股"的痛苦，快乐的前奏不见得的是悲伤，成功与吃苦也没有必然的联系。没有人能永远成功，同样地，上帝也不会一辈子把倒霉加诸你的头上。只要你执着地坚持你的事业，就会取得完满的结果——成功。

歪理二：走自己的路，才不管别人怎么说

路是自己开出来的，别人说什么其实跟你真的没有太大的关系。其实生活很简单，人生是自己的舞台，所以尽管嘚瑟自己的，让别人无休止地嘚啵去吧……

鲁迅先生曾说："世上本没有路，走的人多了，也就成了路。"可见，路本来是不存在的，而是人走出来的。人多的地方就是大道，人少的地方就是小径，只有你一个人走的地方则只会留下你自己的足迹。

人生的道路千条万条，错综复杂，大道或许走得顺畅，小径或许风景独好。交织如网的人生道路就像握在掌心里的命运线，选择一条什么

样的路，关系着一个人一生的命运走向，关系着将要面对怎样的未来。尽管熙熙攘攘的大道热闹非凡，然而，只有走一条属于自己的路，人生才是独特的，才是真正绚丽而无悔的。

1854 年，惠特曼的诗集《草叶集》问世。这本书那创新的写法、不押韵的格式、新颖的思想内容，都像平地里钻出来的怪物一样，并没有那么轻易地被人民大众所接受。一时间，批评之声汹涌而至，惠特曼一度为此垂头丧气，情绪低落，甚至开始怀疑自己。

在这个时候，他想起了 1842 年 3 月，在美国纽约百老汇的社会图书馆里，著名作家爱默生富有激情的演讲："谁说我们美国没有自己的诗篇？我们的大诗人、大文豪就在这儿呢……"当时，爱默生的话极大地激励了年轻的惠特曼，这也成为他创作的极大动力。他决定把诗集给爱默生看看。

爱默生读过这部作品之后，给了极高的评价。他称这些诗是"属于美国的诗""是奇妙的""有着无法形容的魔力"，他认为国人翘首以待的美国诗人诞生了。《草叶集》受到爱默生这样享誉全球的作家的褒奖，使得一些本来把它批评得体无完肤的报刊立刻改换了口气，变批评为褒扬。

不过，爱默生的推崇并没有使惠特曼的书畅销。然而，惠特曼却因此增添了更大的信心和勇气。1855 年底，他印了第二版，在这版中他又加进了 20 首新诗。

1860 年，惠特曼决定印行第三版《草叶集》，并打算补进几首刻画"性"的新作，爱默生曾竭力劝说他取消这几首诗。然而，此时的惠特曼已经决定坚持走自己的路。他对爱默生说："删后还会是这么好的书吗？"爱默生反驳说："我没说它是本好书，我说删了才是本好书！"

然而，执意要独行的惠特曼并没有让步，他对爱默生表示："在我的灵魂深处，我的意念是不会服从任何束缚的，而是走自己的路。《草叶集》是不会被删改的，任由它自己繁荣和枯萎吧！"接着他又说，"世上最脏的书就是被删减过的书，删减意味着道歉、投降……"

结果，第三版《草叶集》按照惠特曼的想法得以出版。这本诗集热情奔放，冲破了传统格律的束缚，运用崭新的形式表达了民主思想和对种族、民族以及社会压迫的强烈抗议。爱默生曾经以为它不会畅销，不过事实却正好相反，这次出版获得了巨大的成功，对美国和欧洲诗歌的发展产生了巨大的影响。

不久，这部诗集还跨越了国界，传到了英格兰，进而传到了世界的各个角落。

偏见常常扼杀很有希望的幼苗。为了避免自己被"扼杀"，只要看准了，就要充满自信，敢于坚持走自己的路。正是爱默生的鼓励，才使得惠特曼有了坚持走自己道路的勇气，即使在自己的"启蒙者"爱默生反对的情况下，也依然坚持己见，没有妥协，终于走出了自己的精彩。

前人走过的成功之路千千万，每个人都有每个人的精彩，我们羡慕，我们欣赏，我们把他们当做榜样，然而他们的成功却不可以完全复制。别人多姿多彩的人生或许如万花筒般美丽，但是我们自己的精彩或许只需要黑白。

人不要无事讨烦恼，不作无谓的希求，不作无端的伤感，而是要奋勉自强，保持自己的个性。虽然"条条大路通罗马"，但是别人走过的路毕竟不属于自己。要想拥有自己的无悔人生，就要走出一条属于自己的道路，在这个世界上留下独一无二的足迹。

18世纪末，欧洲出现了一个最没规矩的人物——拿破仑。

拿破仑从政毫无规矩：他没有贵族血统、没有门第背景，只是因为娶了一个有钱的寡妇，就挤进了法国政坛，让循规蹈矩的人们大跌眼镜。

拿破仑打仗也毫无规矩：别人都是列着队、敲着鼓约定时间才开打，可是他毫无"绅士风度"，总是先用大炮猛轰，然后再让骑兵冲上去一顿乱杀乱砍。

他曾经下达过一条非常著名的指令："让驴子和学者走在队伍中间。"在拿破仑的远征军中，除了2000门大炮外，还带了175名各行各业的学者以及一大堆书籍和研究设备。

拿破仑用人毫无规矩：在他的26位元帅中，有24位出身于平民，这些元帅出自鞋匠、木工、小摊贩等上不了台面的职业。

拿破仑当皇帝都没有规矩：别人做皇帝，加冕时都是跪下让教皇把王冠给自己戴上，而他竟然是站起来一把抓过王冠，自己给自己戴上！简直是离经叛道！

总而言之，就像当时欧洲贵族们咒骂的那样：拿破仑是个彻头彻尾的土匪！是这个世界上最没规矩的人！

但是，按照他们自己的规矩，他们根本打不过拿破仑。所以，骂归骂，他们又不得不臣服于拿破仑，按照拿破仑的规矩生活。拿破仑几乎征服了整个欧洲，这就是他自己的规矩。

任何一个人在成功的路上，都会存在着这样或那样质疑的声音。商鞅变法遭到贵族们的强烈反对；袁隆平搞杂交水稻，别人说他异想天开。其实，对于别人的质疑大可不必理会，秦国最终通过变法走上了富强的道路；袁隆平最终搞出了杂交水稻，解决了中国的粮食问题。

当然，选择走自己的人生道路并不是一件容易的事，特别是在面对不被理解的困扰和庸碌者无知的嘲笑之时，抉择是艰难的，不仅需要智慧，还需要魄力和勇气。如果拥有"虽千万人吾往矣"的魄力和勇气，就一定能踩出属于自己的厚重脚印，而你的人生，也必将与众不同。

歪理三：懂得了遗憾，就懂得了人生

假如人生没有遗憾，那本身就是一种最大的遗憾。其实人的一生就是用无数的遗憾穿起来的，有了它我们才会有更多的动力经营自己的期待……

生活中，有人这样批评总是犯同样错误的人："好了伤疤忘了痛。"好像伤疤好了也不能忘记，也要死死揪着不放，即便它已成为过去。然而，对于因遗憾造成的伤疤而言，我们多"怀念"它一次，它也就会多伤害我们一次。我们真的要不时揭开它，感受那种痛吗？

"随它去吧！"一位哲学家说，"它不会持久的，没有一个错误会是持久的！"遗憾，是人生不可避免的调味剂，但绝不是赖以生存的主食。

那些记忆中的伤悲、痛苦、错误等一切，不该永远占据我们的记忆，只有把那些令人遗憾的事情放下，我们才能重新开始人生。

所以，对于那些不愉快的经历，那些年少轻狂留下的遗憾，那些不能重来的不满意的昨天，我们唯一需要去做的，就是彻底把它们埋藏在心底。

有一位高僧十分喜爱陶壶，讲经说法之余，总喜欢欣赏把玩。高僧对陶壶的喜爱几乎痴迷，只要听说哪里有佳品，不管多远，高僧都会不顾一切地前去鉴赏。如果看中了哪件陶壶，纵使节衣缩食，他也要把它买来收藏。陶壶似乎已经成了高僧生命的一部分。

收藏的众多茶壶当中，高僧最钟情一个莲花壶。用这把壶沏出的茶，除了茶香四溢，隐隐中还带着莲花的清香，令饮者如醉如痴。

某日，有朋自远方来，高僧很是开心，便特意拿出这个挚爱的茶壶为他沏茶。朋友也甚是喜欢这个莲花壶，对它爱不释手，却在把玩的过程中，失手将它打成了碎片。朋友异常抱歉，高僧却神色如常，收起碎片之后，又拿出另外一只茶壶沏茶，依旧谈笑风生。

送走朋友，弟子问高僧，这是师父最喜欢的茶壶，被打碎了，不难过吗？高僧说："我之所以喜爱它，是因为它能让人品茶时沾染香气，并不是为了难过才收藏它啊。壶碎已经是事实了，再留恋它又有何用？不如重新寻找，也许还会找到更好的。"

高僧的"不是为了难过而收藏"的佛理，深深地感染了弟子们。弟子们潜心修佛，最终修成正果。

　　高僧失去了心爱的莲花壶，并未因此郁郁寡欢，把遗憾放在心头。这是因为高僧参透了"喜爱一种事物的初衷，并不是要去体会失去它时的伤心"的佛理。世间的事物本就变化无常，既然已经失去，不妨就随它去吧，何必要刻意去体会失去的痛苦，反正已经无法挽回。

　　生活就像一条向前流淌的河流，从不回头，也从不后悔。有些遗憾已经发生了，就应该面对现实，以豁达的胸襟对待过去，以感恩的心珍惜现在的拥有。错过了，失去了，反思了，就要果断地放下。若放不下，快乐与幸福将永远与我们无缘。就像爱情，与不合适的人相忘于江湖，才能有机会与正确的人相濡以沫。

　　一位有过 3 年婚姻，最后婚姻失败的女性写下了一段凄婉刻骨的文字：

　　"你现在做什么呢？是不是已经结婚了，很快乐地过着自己的日子？我想了无数次要离开这里，离开这个伤心之地。但是我还有自己的责任，我必须挺住，直到最后一刻，直到佛陀召唤我的时候。多么希望那一刻早些到来，我可以微笑地走到另一个世界，微笑地看着你。能够每天看着你幸福地生活，我心满意足。

　　可是对于现在发生的一切，我没有一点挽回的办法，我的心在哭泣、在流血。佛陀，你愿意帮助我吗？我愿意付出一切，来实现自己那平凡的心愿，哪怕下辈子受苦……"

　　这位女士不能听到悲伤的情歌和与上段婚姻相关的词语。3 年里，她没有笑过，陪伴她的，只有悲伤。她说："无论是闭上眼睛还是睁着眼睛，事情就好像发生在昨天，怎么也抹不去。"

　　因工作接触，一个没有婚姻经历的小伙子爱上了她的温柔和善良。交往了一年后，小伙子很认真地向她提出回家见父母，把婚事定下来。她却犹豫不决，虽然最后勉强同意了，但那一天她还是失约了，小伙子终于没有等到她的出现。最后，只好黯然离开。

　　就因为她始终走不出过去的阴影，让一段原本可以重新开始的爱情和未来在明天的幸福面前戛然止步。

　　其实，人得到一切都是以丧失为代价的。当你得到亲情、爱情、信仰、荣誉、尊严、事业的时候，也是正在丧失无拘无束的自由，丧失青春活力。失去一段人生中最缤纷的感情，固然是痛苦的，甚至是刻骨铭心的。然而人生不会因为离婚就终止，不能因为错过了就绝望，生活的点点滴滴就把它深埋在记忆里，轻装向前。人的一生难免有伤痛，但不要因为一场失败的婚姻就损毁了自己一生的幸福。学会忘记，也就学会了承受生命之重；学会忘记，才能从容面对生活的开始。

　　忘记是一种智慧、一种豁达、一种生命的旋律。把从前冰冷、灰暗的遗憾和不如意从心房里驱走，就像把一个盗贼从自己家里逐出一样。上天赋予人忘记的能力，就是让人们赶走阴霾，沐浴暖暖的阳光。

　　人生总是伴随着苦恼和忧虑，但不能让它们一直压在心头，把过去的事当成是一场梦，留下的不是沉甸甸的大石，而应该是豁达的感悟。遗憾，是人生乐章中跌宕起伏的部分，它可能会给人们带来一段时间痛苦的煎熬，但最终，它要汇进生命的交响乐，奏出命运的强音。

　　正因为遗憾可以带给人们对生命更多、更深刻的感悟，所以没有经历过遗憾的人生是不完整的。遗憾是一种破碎的美，因为有它，人世间一切的真善美将更值得称颂；因为有它，人们就会更加珍惜现在的拥有，就会更加期待美好的明天。

歪理四：低姿态谦虚，往往成就一个高度

木秀于林，风必摧之，锋芒毕露往往会成为出头的椽子——先烂。因此，学会在适当的时候，保持低姿态，绝不是懦弱和畏缩，而是一种睿智的处世之道，是人生的大智慧和大境界。

人生漫长，变幻莫测，只有保持一颗平常心，保持低姿态，才能走得更稳，走得更远。

一个人，即使能力出众、才高八斗，也应该学会低调，学会谦虚。这样的人才能耐得住寂寞，守得住内心，不为一时荣辱得失而争执忘形，不因人情冷暖而迷失。

我们常说，越是有本事的人越是谦虚，只有"半瓶子醋"才会乱晃，不知道自己有几斤几两。

在秦始皇陵兵马俑博物馆，有一尊跪射俑，被称为"镇馆之宝"，深受人们喜欢。它呈跪射的姿态，古时称之为坐姿。坐姿射击时重心在下，增强了稳定感，且用力省，便于瞄准，同时目标小，是防守或设伏时比较理想的一种射击姿势。

秦兵马俑坑里各种各样的陶俑皆有不同程度的损坏，甚至有些兵马俑已经身首异处。而这尊跪射俑却保存得非常完整，就连发丝都还清晰可见。

那么，历经沧桑的跪射俑何以能保存得如此完整？专家说，这得益于它的低姿态。首先，普通立姿兵马俑的身高都在 1.8~1.97 米之间，而跪射俑身高只有 1.2 米，也就是说，"天塌了有大个顶着"，砸不到它身上。

其次，跪姿俑做蹲跪姿，重心在下，右膝、右足、左足 3 个支点呈等腰三角形支撑着身体，增强了稳定性，不容易倾倒、破碎。因此，在经历了 2000 年的岁月风霜后，它依然能完整地呈现在我们面前。

其实人生在世也应学学跪射俑，在浮华喧嚣的世事中，低姿态做人，学会低头、懂得低头和敢于低头。可是，有一些一无所知却自以为是的家伙，往往找不到自己的位置，他们很容易就迷失了自己。一旦有人赞扬他们、恭维他们，他们就会觉得在这个世界上唯我独尊、舍我其谁，从而飘飘然起来。他们不懂得什么谦虚，他们永远体会不到"宠辱不惊，看庭前花开花落；去留无意，望天上云卷云舒"的那种恬淡。

这种不知天高地厚的人，想要取得成功，就要战胜盲目骄傲自大的病态心理，不张狂、不自满。若不知悔改，不懂低调，他们必然会渐渐失去身边的良师益友，失去善意的规劝，最终会导致大家对他们敬而远之。而这样一种人，是不可能有一个美好的人生的。

当有内涵而谦虚的人，遇到浅薄而张狂的另一种人的时候，往往会引发非常有意思的故事，产生戏剧性的效果。

在美国纽约的一个车站，有位满脸疲惫的老人坐在候车室的椅子上休息。这位老人穿着普通，身上沾满了尘土，鞋子上也满是污泥，一看就知道他走了很长的路。铃声响起，老人等的列车要进站了，于是他不紧不慢地站起来，向检票口走去。

此时，一个提着大箱子的胖太太从候车室外走来，她肥胖的身躯和那只巨大的行李箱让整个候车室的人为之侧目。箱子太重了，尽管胖太太非常用力地拉着它向前走，但一会儿就累得直喘粗气。就在这时，她看到了前面不远的老人，于是大喊："喂，老头，你给我把箱子搬上去，我给你小费。"胖太太以为这位穿着沾满尘土衣服的老人一定是退休的老工人。那个老人没说什么，就接过箱子和胖太太向检票口走去。

火车开动后，胖太太抹了一把汗，庆幸地对老人说："多亏有你，不然我非误车不可。"老人礼貌地点了点头，胖太太掏出一美元的小费递给了老人，老人微笑着接过。就在这个时候，列车长走了过来，对那个老人恭敬地说："尊敬的洛克菲勒先生，您好。欢迎您乘坐本次列车。如果有什么需要请随时跟我说，不用客气。"

"谢谢，暂时没有，我刚刚做了3天的徒步旅行，现在只想休息，有什么需要的话我会告诉你的。"老人客气地回答。

"天呐，洛克菲勒？我没有听错吧！"胖太太叫了起来，她惊讶地望着这个普普通通的老头儿。自己竟然让著名的石油大王洛克菲勒先生提箱子，而且还给了他一美元的小费，这简直是一种对洛克菲勒先生的侮辱。于是，胖太太赶紧向洛克菲勒道歉，并诚惶诚恐地请洛克菲勒把那一美元小费退给她。

"你根本没有做错什么，为什么要道歉呢。"洛克菲勒微笑着说，"我帮你提箱子是我付出的劳动，这一美元是我劳动所得，所以我收下了。"然后，洛克菲勒当着在场所有人的面，郑重地把那一美元放在了口袋里。

石油大王洛克菲勒，在一般人想来肯定是高高在上、遥不可及的人物。然而，这位成就了了不起的事业的石油大亨，却完全不像人们想象的那样不可一世、盛气凌人，而是像普通人一样活着，甚至比普通人还要低调。我想，洛克菲勒的低调平和也必定是他成功的因素之一。

真正的成功人士从来都是虚怀若谷的，他们不会像那些无知的暴发户一样，因为自己腰缠万贯而盛气凌人，更不会喋喋不休地向别人卖弄自己的成就，诉说自己的发家史。这是因为他们明白一个道理——低姿态才能达到真正的高度。

富兰克林年轻的时候，有一次到一位前辈家拜访。他挺着胸膛，迈着大步，昂首走进了那位前辈家的大门。结果，刚一进门，他的头就狠狠地撞在了门框上，疼得他直咧嘴。

迎接他的那位前辈看到他这副痛苦的样子，笑着说："很痛吧？可是，这将是你今天拜访我的最大收获。一个人要想平安无事地活在世上，就必须时刻记住，该低头时就低头。这也是我要教你的，不要忘了。"

这次拜访给了富兰克林很大的感触，他把前辈的教导当成了一生最大的收获，并把它列为生活准则之一。后来，富兰克林成为一代伟人，可以说是因这一准则而受益终生。他在一次谈话中说："这一启发帮了我的大忙。"

是的，人不可无傲骨，但做事不能总是仰着头。

　　涉世之初的年轻人，往往都心比天高，怀着远大抱负、轰轰烈烈地干一番事业的心，却往往在现实世界的铁壁面前撞得头破血流，在荆棘丛生的人生路上磕磕绊绊。如何面对横亘在生活道路上的障碍，是一个极富智慧的考验。

　　若能学会低头，学会以谦虚的姿态向现实学习，采用迂回和缓的方法去战胜和超越，则必能经得起时间和岁月的磨砺，从而走向从容，走向成功。若不懂得低头，只会昂着头跨向生活的门槛，很可能会被碰得头破血流，成为一个失败者。

　　低姿态的人容易得到他人的认可，能够轻易被别人接受，这是一种处世的智慧。曾经有一位哲学家这样说："你要得到仇人，就表现得比你的朋友优越；你要得到朋友，就让你的朋友表现得比你优越。"降低自己的姿态，人们就容易去接近你，也乐意去接近你。如果高高在上、盛气凌人，恐怕朋友们会对你敬而远之，慢慢地你就会变成"孤家寡人"。

　　如果你想把事情做成，最好以一种低姿态出现在对方面前，这样可以让对方从心理上感到一种满足。人们都喜欢跟谦虚、平和、朴实、憨厚的人打交道，你的低姿态、你的毕恭毕敬的礼貌，都会使对方感到自己受人尊重，从而对你产生好感。

　　越是聪明的人、有本事的人，就越懂得谦虚，越懂得放低自己的身价。这种智慧，完全可以用大智若愚来形容。在生活和工作中，在人与人的交往中，这种低姿态的智慧处世方式，将会使你游刃有余地处理好各种复杂的事务，顺顺利利地走在人生的大道上。

歪理五：压力成就非凡的毅力

人的一生说白了就是一根弹簧，压得低才能蹦出惊人的高度。不要恐惧压力的存在，假如没有压力，地球上的所有物件都是飘的。只要你愿意，完全可以把它转换成毅力充实自己。

在一次对非洲奥兰治河两岸的动物考察中，动物学家们发现了一个十分奇怪的现象：生活在河西岸的羚羊繁殖能力要比东岸的强，并且它们的奔跑能力也大不一样，西岸的羚羊奔跑速度每分钟要比东岸的羚羊快 15 米。

羚羊的生存环境和食物都相同，为什么会有如此的差别，动物学家们百思不得其解。动物学家做了很多研究，终于揭开了谜底：西岸的羚羊之所以强健，是因为它们附近生活着一个狼群，它们天天生活在能否活下去的压力之中，结果越活越有活力；而东海岸的羚羊之所以弱小，恰恰是因为它们缺少天敌，没有生存的压力。

另有实验显示，那些经常受电击和夹趾威胁试验的幼兽，长大以后似乎比早年处于优越条件的动物更能适应生存的环境。由此我们可以认为，压力是人们成长的催化剂，而没有压力的环境反而难以造就非凡的人。

19 世纪末，美国康奈尔大学做过一次著名的"煮青蛙"实验。

研究人员捉来一只青蛙，然后冷不防把它丢进一个装满沸水的锅里。这只青蛙在千钧一发的生死关头，用尽全力，一下子就跳出了开水锅，安然逃生了。

过了一会儿，他们换了一锅凉水，在下面升起了小火，然后把那只刚刚死里逃生的青蛙放进锅里。因为火小，水也是凉的，这只青蛙就自由自在地在水中游来游去。

水慢慢地变热，不过升温的过程比较缓慢，一开始青蛙并没有感觉到。直到锅中的水越来越热，青蛙终于觉得不妙了。可惜，等到它意识到自己已经承受不住水温，必须奋力跳出才能活命的时候，已经晚了。最后，这只可怜的青蛙无力地躺在水里，坐以待毙，丧命在锅里。

像这个实验展示的事实一样，当生活的重担压得我们喘不过气，当挫折、困难十面埋伏的时候，当情势非常危急的时候，我们往往能发挥自己意想不到的潜能，杀出重围，开辟出一条生路来。反而是在安逸之中，在志得意满、功成名就之时，容易失去警惕、丧失斗志，而在阴沟里翻船，导致一败涂地、不可收拾！

那些胸怀大志的人，往往会自觉地给自己增加压力，把沉重的责任感当做自己源源不断的动力，让生活中的点点滴滴砥砺着人生的坚定脚步，从岁月和生活的风雨中坚定地走向未来。而那些得过且过空耗时光的人，只会逃避压力，就像没有盛水的空水桶，轻飘飘的没有根基，往往一场风雨便把他们彻底地打翻在人生的大海上。

在浩瀚的大海上，一艘货轮在卸货后返航的途中，突然遭遇了巨大风暴。船只在惊涛骇浪中左摇右晃，有倾覆的危险。水手们惊惶失措，船长果断下令："打开所有货舱，立刻往里面灌水。"

水手们听到这个命令，非常惊讶："往船里灌水不是自找死路吗？"船长镇定地说："大家见过根系深深地扎在地下的大树被暴风刮倒过吗？被刮倒的都是那些没有根基的小树。"水手们半信半疑地照着命令往货舱里灌水，随着货舱里的水位越来越高，货轮渐渐地平稳了。

虽然暴风巨浪依旧那么猛烈，但船只看来不会有危险了，水手们都松了一口气。船长说："你们要记住，一只空水桶，是很容易被风吹翻的，但如果装满水了，因为负重，风是吹不倒的。所以说，空船时，才是最危险的时候。"

我们的人生就像一只水桶，如果没有经历过困扰、忧虑、苦恼等种种压力，它就是空的，没有质感，就容易被风浪打翻。而生活给我们的那些压力就是水，这些水如果注入水桶，就能使我们站得更坚实，更稳当。

苏轼曾说："古之成大事者，不唯有超士之才，亦有坚忍不拔之志。"为什么"亦有坚忍不拔之志"呢？那是因为，成功的路上必定会有坎坷波折，如果扛不住压力退缩了、放弃了，就会半途而废。那些成功者，大都命运多舛，历尽磨折，但他们面对压力不会垮下去，而是变压力为动力，从荆棘中开辟新路。只有让压力督促着奋起前行，才能走向远方美好的风景。

人们最出色的工作往往是在处于逆境的情况下做出的。思想上的压力，甚至肉体上的痛苦都可能成为精神上的兴奋剂。很多杰出的伟人都曾遭受过心理上的打击及形形色色的困难。若非如此，他们也许不会付出超越常人所需的那种努力。曾有人指出："忍受压力而不气馁，是最终成功的关键。"

压力是生活的刺激，压力使我们振作，使我们生存。压力是每个人生活中不可缺少的一部分，也是一个人走向成功必不可少的一部分。

约翰·罗布林是一位富有创造精神的工程师，1883年，他雄心勃勃地准备建造一座横跨曼哈顿和布鲁克林河之间的大桥。他开始着手这座雄伟大桥的设计的时候，所有的人都觉得这是个天方夜谭般的计划，桥梁专家们也劝他趁早放弃这个疯狂的想法。

他的儿子华盛顿·罗布林也是一个很有前途的工程师，他跟父亲一样，也确信大桥可以建成。于是，这对父子怀着不可遏止的激情和无比旺盛的精力一起构思建桥方案，一起琢磨如何克服种种困难和障碍。随后，他们找到了投资人，之后组织了工程队，开始建造他们梦想中的布鲁克林大桥。

然而，意外不期而至。大桥开工仅仅几个月之后，施工现场就发生了灾难性的事故，父亲约翰·罗布林不幸身亡，儿子华盛顿的大脑严重受伤，丧失了讲话和走路的能力。人们都以为这项工程会因此而放弃，因为只有罗布林父子才知道如何把这座大桥建成。

尽管华盛顿·罗布林丧失了活动和说话的能力，但他的思维并没有受到伤害。他躺在病床上，想着工程如何继续，然后用唯一能动的一根手指，在妻子的手臂上敲出密码，然后由妻子把他的意图转达给工程师们。

整整13年，华盛顿·罗布林就这样用一根手指指挥建桥工程，直到雄伟的布鲁克林大桥这个奇迹最终落成。

当压力不期而至，并且不可避免的时候，是向命运低头，还是勇敢地正视它、战胜它？只有学会驾驭生活中的各种压力，把它转化成使你继续前行的动力，使它成为激发自己潜力爆发的催化剂，才能战胜它，做它的主人，做生活的主人。

压力是一把双刃剑，是被它的利刃所伤，还是用它披荆斩棘，关键在于你的态度。如果你把压力看做是生活的不幸羁绊，那么即使区区小挫折都可能折断你飞翔的双翼。但是，一旦你勇敢面对，并驾驭它，那么它就会成为你人生乐章中铿锵有力的主旋律，帮你奏出生命的最强音。

歪理六：摔倒了先别急着爬起来

摔倒了就马上爬起来？既然已经摔倒了，不如就趴在那里休息几分钟，权衡权衡自己下一步该干什么，要不然，站起来还有比摔倒更郁闷的事情等着你。

人摔倒了应该怎样？可能很多人会不假思索地说："赶紧爬起来呀，趴在地上多丢人。"其实医生告诉我们，摔倒了不要急着马上站起来，要先弄清是何处疼痛，有没有伤筋动骨。一旦怀疑是骨折，必须及时前往医院诊疗。如果觉得痛得不重，就轻轻活动一下，然后在别人的帮助下试着站起来走一走；如果痛得很重，千万不要马上站起来活动，那样可能会造成更严重的错位和损伤，严重时甚至会致残。

也就是说，摔倒的后果严重程度不一，我们要正确地评估，然后再采取相应的方式，或直接爬起来，或去医院就诊。其实，人生也是一样，做什么事情失败了、摔倒了，也不要急着站起来，如果还没弄清哪痛，没有分析出失败的原因，就带病前行，带着原先的失误上路，其结果只会越走越痛，最终引发并发症，又摔一跤，继续犯错误，继续失败摔跟头。

人们常说，失败是成功之母。不过，这是有前提的，如果总是"记吃不记打"，那么失败多少次，也只会一次一次摔得头破血流，记不住教训，也不可能成功。只有在摔倒后及时检讨自己失败的原因，从中吸取教训，从而改进自己，指导自己才是正确的人生态度。只有懂得利用失败的人，才能获得最终的成功。

1938 年，一个普通的男孩子出生在美国，他的名字叫菲尔·耐特。他和大多数同龄人一样，也喜欢运动，打篮球、棒球、跑步，并对阿迪达斯、彪马这类运动品牌十分熟悉。耐特一直很喜欢运动，几乎达到了狂热的程度，他高中的论文几乎全都是跟运动有关的，就连大学也选择的是美国田径运动的大本营——俄勒冈大学。

可惜，耐特的运动成绩并不好。他最多只能跑 2 千米，而且成绩很差，他拼了命才能跑 4 分 13 秒，而跑 2 千米的世界级运动员最低录取线为 4 分钟，就是这多出的 13 秒决定了他与职业运动员的梦想无缘。

像耐特这样 2 千米跑不进 4 分钟的运动员还有很多，尽管他们不甘心被淘汰，但都无法改变这种命运，只得选择了放弃。不过耐特不想放弃，他认真分析了自己失败的原因之后认为，那次的失败不是他的错，完全是他脚上穿的鞋子的错。

于是，耐特找到了那些跟他一起被淘汰的运动员，跟他们说了自己的想法。他们也一致表示，鞋子确实有问题。不过在训练和比赛中，运动员患脚病是经常的事，而且很多年以来，运动员都是穿这种鞋子参加训练和比赛的，很少有人想办法解决鞋子的问题。

虽然运动员是做不成了，但是耐特决定要设计一种底轻、支撑力强、摩擦力小且稳定性好的鞋子。这样，就可以帮助运动员，减少他们脚部的伤痛，让他们跑出更好的成绩来。耐特希望自己的鞋子能够让所有的运动员都充分发挥出自己的潜能，不再因为鞋子的原因而失败。

说干就干，耐特跟自己的教练鲍尔曼合作，精心设计了几幅运动鞋的图样，并请一位补鞋匠协助自己做了几双鞋，免费送给一些运动员使用。没想到，那些穿上他设计的鞋子的运动员，竟然跑出了比以往任何一次都好的成绩。

从此耐特信心大增，他为这种鞋取了个名字——耐克，并注册了公司。让人意想不到的是，这个平凡的小伙子创造的耐克，后来甚至超过了阿迪达斯在运动领域的支配地位。

1976 年，耐克公司年销售额仅为 2800 万美元；1980 年却高达 5 亿美元，一举超过在美国领先多年的阿迪达斯公司；到 1990 年，耐克年销售额高达 30 亿美元，把老对手阿迪达斯远远地抛在后面，稳坐美国运动鞋品牌的头把交椅，创造了一个令人难以置信的奇迹。

耐特虽然一辈子无法成为职业运动员，但却让所有运动员不再为脚病而苦恼，并成功地把耐克做成了一个传奇。当年与耐特一起被淘汰的运动员不计其数，他们跟耐特一样跌倒了，但是爬起来之前，收获却不一样。耐特爬起来之后，走得很高很远，因为他看准了，自己需要注意的不是自己的速度，而是鞋子。正因为耐特跌倒了能够思考，能够把收获用在以后的日子里，所以他能取得非常高的成就。

失败，可以成为站得更稳的基石，也能成为再一次栽倒的陷阱，如何选择，全在于你面对失败的态度。

据航空部门统计，平均一架飞机要飞行 1000 亿公里才会有一名乘客丧生，这样看来，空中旅行可谓安全之至了。虽然从统计数据上看，飞机是最安全的交通工具，但每一次事故都惊心动魄。

每一次灾难发生，民航部门都会迅速调查失事原因。这些工作包括在方圆几公里范围内搜集金属碎片，将它们拼凑起来，一一询问目击者与生还者，搜索黑匣子，等等。这样的调查工作将持续好几周，甚至好几个月，直到飞机失事原因被查明为止。

而一旦查明事故原因，民航局就会采取紧急措施防范类似事件再度发生。比如飞机失事的原因在于机身结构的缺陷，那么同类型的飞机就必须加以改进；若是因为某种气象因素，也必须采取相应措施。

通过研究以往的事故，民航局提高了空中旅行的安全系数，现代飞机的上百种安全措施，大多是根据空难的调查结果制定的，可以说都是血的教训。这是利用不幸造福未来的一个案例。

还有，医学的发展进步往往也是在病人的不幸之后。比如，当一名病人死因不详时，医生们往往通过尸体解剖来查明原因。这样一来，很可能在遇到其他类似的病人的时候，他们就有办法医治了。

有些足球教练将每场比赛制成 VCD 或拍成电影，利用过去失败的教训，向球员们指出他们的缺点，目的在于能使下一场球踢得更好。

民航局官员、医生、足球教练，以及各行各业的专家们，都能遵循这条成功原则：从每次跌倒中拯救一些东西回来，避免类似的错误，避免失败的再次发生。

因此，跌倒不仅仅是一种不愉快的体验，更是成功的开始。只要能理性地分析跌倒的教训，甚至是别人跌倒的教训，从中寻找出带有普遍性的规律和特点，就可以指导我们今后的行动。古今中外，有识之士无不从自己或他人的教训之中寻找良方，避免重复的失误，从而获得成功。教训是自己和他人的前车之鉴，是一笔宝贵的财富。

人生的道路不可能一马平川，我们不能因为坎坷不平的坑坑洼洼而拒绝前行。相反，在不平的道路上跌倒了，不要只是趴在地上咀嚼痛苦，更不要怨天尤人，而要痛定思痛，吸取教训，积蓄力量，这样才能在爬起来之后有所收获，才能在未来的路上走得更远。

第二章　狂人悟道
——侧眼看人生百味歪理

谁说只有直线才能长长久久？从某种角度来说，把它倾斜一点，占有的发展空间是更大的。有些时候应该给自己一个倾斜的理由，这个时代需要不拘一格的创意灵感。

歪理一：境遇不造人，是人造境遇

地球没给任何人画圈，圈全是人自己画的。人有绝对限度的自由选择权，之所以每个人生活境遇有别、对自己现状的态度各异，原因不在于老天爷给他们什么样的境遇，而在于他们对自己画的圈儿满意不满意。

人们常说"近朱者赤，近墨者黑"，认为环境对人的影响很大，可以造就一个人，也可以毁灭一个人。然而，境遇并不能真的成为一个人的主宰。只要你的心态正确，就会发现，境遇并不造人，反而是人造境遇。

境遇的本身并不影响人，人们只受对境遇看法的影响！人不能改变命运，但可以改变看待事物的态度；人不能控制环境，但能控制自己。人不能预知明天，但可以把握今天……

　　泰勒当选美国财政部长之后，应南卡罗来纳的一个学院邀请，对该校全体学生发表一次演讲。听到这个消息兴致勃勃赶来的学生，把整个学院礼堂都坐满了。大家因有机会聆听这位大人物的演讲而兴奋不已，都想亲耳听听泰勒的"光辉"奋斗史。然而，泰勒的演讲却令听众大感意外。

　　"我的生母是聋人，因此没有办法说话，我不知道自己的父亲是谁，也不知道他是否还活着。我这辈子找到的第一份工作，是在棉花田里锄地。"泰勒的开场白让台下的听众全都呆住了。

　　"如果情况不如意，我们总可以想办法加以改变。"他接着说，"一个人的未来怎么样，不是因为运气，不是因为环境，也不是因为生下来的状况。"他又重复了一遍刚才说过的话，"如果情况不尽如人意，我们总可以想办法加以改变。"

　　"一个人若想改变眼前充满不幸或无法尽如人意的境况，只要问一问自己'我希望情况变成什么样'，然后全身心地投入，采取行动，朝理想的目标前进即可。"他的语气坚定，表情严肃。最后，他微笑着鼓励听众们："我相信大家会比我做得更好！"全场爆发出热烈的掌声。

　　在生活中，很多人以为有什么样的境遇就有什么样的人生，其实这是不准确的。泰勒的演讲告诉我们，影响我们人生的绝不是环境，也不是遭遇，而是我们持有什么样的信念。也就是说，影响我们人生的并不是境遇，而是我们面对这种境遇的态度，人生的走向关键还在于我们自己。

作为普通的个人，我们一般无法改变周围的环境，但我们能够改变我们自己。环境就在那里，它本身就是一个没有感情倾向的舞台，至于你扮的是什么角色，演的是悲剧还是喜剧，由你自己决定。虽然有人遇到的波折多些，虽然这个世界看似不公平，但看看那些笑到最后的人，我们就会明白，在胜利者眼里，环境只是人生的道具，而不是主宰。

曾经有一个嗜酒如命的人，他不仅酗酒，而且吸毒。因为这样的恶习，他有好几次差点把命送了。最后，他在酒吧里跟人吵架，不小心杀了人，被判终身监禁，不得假释。

这个人有两个儿子，兄弟两个只相差一岁。生在这样的家庭里，两兄弟都为今后的日子发愁。后来，哥哥跟父亲一样，染上了毒瘾，为了筹钱吸毒，不得不靠偷窃和勒索为生，后来在抢劫时失手杀了人，跟他父亲一样，变成了杀人犯进了大牢。

而弟弟则完全不一样，他跟哥哥同时辍学回家，哥哥当混混的时候，他找到一份工作，半工半读，一直很努力地学习。后来，他担任了一家大企业的分公司经理，有美满的婚姻，有三个可爱的孩子，既不喝酒更不吸毒，是很多人学习的榜样。

为什么同是一个父亲、同样的境遇，两兄弟却有着完全不同的命运？很多人不得其解，后来，有记者在一次访问中，问起他们造成今日之现状的原因。没想到两人的回答竟然是一样的："有这样的父亲，我还能有什么办法？"

尼布尔有一句这样的祈祷词:"上帝,请赐给我们胸襟和雅量,让我们平心静气地去接受不可改变的事情;请赐给我们勇气,去改变可以改变的事情;请赐给我们智能,去区分什么是可以改变的、什么是不可以改变的。"

对两兄弟来说,不可改变的是父亲杀人入狱的事实,是自己糟糕的成长环境。因此,兄弟两个都认为,有这样的父亲,没有别的办法。但在这样的环境里,也是可以改变现状的。只不过,哥哥的办法是堕落,是走父亲的老路;而弟弟的办法却是上进,以彻底改变自己的不幸状况。

人在面对同样不如意的环境时,往往两极分化严重,有人破罐子破摔,有人却能够在折磨中变得更加坚强优秀,迈上人生的新台阶。这两种人的差别就在于心态。面对逆境时,是怨天尤人,还是积极进取,决定了他们今后是走上坡路还是下坡路。

珍子家世代以采珠为生,但珍子没有从事这个行业,在她18岁的时候,妈妈送她远赴美国求学。

在珍子赴美之前,她的母亲郑重地把她叫到跟前,把一颗漂亮的珍珠送给了她,并且告诉她说:"珍珠很漂亮,你知道它是怎么产生的吗?养珍珠的时候,女工先要把沙子放进蚌的壳内。这时候,蚌会觉得非常不舒服,但是它又无力把沙子吐出去。所以,蚌面临着两个选择,一是只会抱怨而无行动,整天让沙子磨着自己娇嫩的蚌肉,任痛苦折磨自己而毫无办法;另一个就是想办法把这粒沙子同化,使它跟自己和平共处。于是蚌就开始想办法把沙子包起来。"

"当沙子裹上蚌的分泌物时，它就变成了蚌的一部分，不再是异物了，蚌也不会痛了。而且，沙子被包裹之后，就慢慢变成了美丽的珍珠。"

母亲接着对珍子说："蚌在演化的层次上很低，它是无脊椎动物，并没有大脑。但是连一个没有大脑的低等动物都知道要想办法去适应自己无法改变的环境，把一粒令自己不愉快的沙子转变为可以忍受的珍珠，人的智能不会连蚌都不如吧？"

我们也要像蚌一样，在面对无法改变的境遇时，不可能要求环境来适应你，也不能毫无意义地悲观抱怨，只能改变自己，去适应环境，去改变自己的境遇。只有这样的心态，我们才能从容不迫地面对人生的各种境遇，走出精彩，走出美好的未来。

歪理二：金子，并非在哪都能发光

就算是金子也得摆在能让人看到的地方，假如你自己闷着不愿意表现，照样没人知道你是谁。

有句俗话说"是金子，总会发光的"；还有人常说"酒香不怕巷子深"，意思是说，只要自己有能力，不怕不能出头。因此，很多人都认为只要自己努力做事，就会有出头之日；只要自己付出努力，就能得到相应的回报。然而，事实真的是这样吗？

韩愈在《马说》中这样写道："世有伯乐，然后有千里马。千里马常有，而伯乐不常有；故虽有名马，只辱于奴隶人之手，骈死于槽枥之间，不以千里称也。"人们常用千里马来比喻人才，然而千里马遇不到伯乐的下场是什么呢？非常凄惨：辱于奴隶人之手，骈死于槽枥之间，不以千里称也，不等重视、不得重用，生前无功，身后无名。

所以说，人才不能习惯等待别人来发现自己，不能羞于表现自己，否则，即使你有日行千里的能力，伯乐也不知道。即使伯乐站在你面前，如果你不表现一下，只是羞答答地卧着，他也不知道你能不能跑，那你就不要埋怨别人让你做拉车拉磨的工作了。

有个小伙子大学毕业后到一家大企业应聘，却因为种种原因错过了面试时间。这个大学生很喜欢这份工作，因此，他并没有就此放弃，他直接找到了人事部经理，希望对方能再给自己一次机会。

人事经理十分欣赏年轻人的胆量和自信，决定亲自对他进行面试。听完年轻人非常自信的自我介绍后，人事经理面有难色地说："对不起，我们的招聘有两个条件——硕士学历和两年的工作经验，可惜你都不符合要求。"

年轻人听了却没有气馁，仍然微笑着说："我虽然没有工作经验，但大学时，我在学校担任过学生会主席，组织同学们开展过很多活动，勤工俭学时做过日用品直销员、兼任过报刊特约记者，实习时也在广告公司从事过文案工作，并受到了领导多次表扬……我相信自己完全能胜任这一份工作。"说完便递上精心设计的求职材料。

人事经理认真地看过年轻人递过来的材料之后，很遗憾地说："你的确很优秀，可是我们公司是有规定的。公司规定要硕士以上学历，真的很抱歉。"

就在年轻人决定起身离去时，他再一次鼓起勇气做了最后的尝试。他对人事经理说："文凭仅仅是代表一个人受教育的程度，并不能真正代表一个人的能力。我相信贵公司要的是能为公司谋利益的人才，而不仅仅是硕士文凭。"

人事经理足足凝视了年轻人 20 秒钟，最后他终于说道："年轻人，就冲你这份勇气，你被录用了。"

美国成功学家戴尔·卡耐基曾说过："不要怕推销自己，只要你认为你有才华！"在我国，也有毛遂自荐的故事，把自己推销给老板，才有了发挥才能的机会，否则，被埋没的可能性就很大。

既然是好酒，为什么要躲在巷子深处而不表明自己是好酒呢？既然是金子，为什么不让自己摆在显眼的地方呢？现代社会，人才辈出，竞争激烈，不懂得推销自己，就会成为人才海洋中那最不起眼的一滴。

也许有人会说感觉自己不是人才，那怎么能让别人重视呢。其实，任何人都是一个金矿，只要你懂得开发自己的长处，懂得展示自己的优势，你就是一块闪闪发光的金子。

1972 年，新加坡旅游局给总理李光耀打了一份报告。这份报告的大意是说："我们新加坡要想发展旅游业很难。因为，我们没有什么旅游资源，不像埃及有金字塔和尼罗河，也不像中国有万里长城和兵马俑，不像日本有富士山和樱花。我们除了一年四季直射的阳光，什么名胜古迹都没有，巧妇难为无米之炊，要发展旅游事业，真的很难。"

李光耀看过报告之后非常气愤，他在报告上批了一行字："你想让上帝给我们多少东西？阳光，有阳光就够了！"

后来，新加坡真的打起了"阳光"牌，利用"阳光"做足了文章。因为阳光充足，他们就大量栽树、种花、植草，在很短的时间里，把新加坡发展成为世界上著名的"花园城市"，旅游业收入连续多年稳居亚洲前三位。

阳光就是新加坡的金子，有了阳光，新加坡也就成了金子，在旅游业中大放光彩。同样，只要找到自己的优点和长处，你就可以自豪地说："我也是一块金子！"你就可以大胆地展示自己的光芒，打造自己的金色人生。

21 世纪，我们需要学会做广告推销自己，就像乡下的货郎，他们生意的好坏，往往取决于叫卖的吆喝声，只要能吆喝得声情并茂，吆喝得响亮好听，就会吸引更多的人来买，生意就会更上一层楼。人才就像美女，若是只懂得孤芳自赏，或者"幽居在空谷"，就只能落个"养在深闺人未识"的下场。

所以，不要再感叹自己英雄无用武之地，用武之地需要你自己去找。人生就是一场大戏，处处都有舞台，是演主角还是配角，是跑龙套还是躲在幕后，关键还是看你自己想做什么角色。

这个世界上千里马很多，而伯乐不常有。所以，不要再习惯等待，不要再相信自己在哪里都能发光，没有用武之地的人生注定是一种悲哀。如果你是千里马，一定要学学毛遂，主动找到伯乐，告诉他："我是千里马，我跑给你看！"

歪理三：谎话并非不可说

不是只有敢说实话的人才叫英雄，如果只说真话不分场合，
那些背负重要使命的潜伏人员早就都牺牲了。

《狼来了》，是儿时伴随我们睡觉的枕边寓言小故事，孩子们从小就
被告知，说谎是不可以的，只有坏孩子才会说谎，撒谎是错误的、可耻
的行为，而且说谎的后果很可怕。这个故事通过口口相传流传了很久，
教育孩子要诚实，不要撒谎。

然而，长大以后，我们就会渐渐发现，某些时候，"诚实"不见得
是好事。不知变通地实话实说，竟然也常常伤害到别人，搞砸人际关系。
比如，一位非常注重体形的女孩问男朋友自己瘦了没有、好不好看，如
果那位男士实话实说地告诉对方，她不仅没瘦，反而胖了，也许就会惹
得对方生一天闷气，严重者，跟男士说拜拜也有可能。这种实话，不说
也罢。

传统意义上来讲，说谎是一种不道德的行为，但人与人之间的相处，
也不能不知变通、不分场合地诚实，偶尔还是需要些善意的谎言来调节
的。这就像佳肴中的调味品，它不能当做主食，但是没它却也食之无味。

　　一对新婚夫妻，先生因为接连几天忙公事而忽略了太太，太太有些怨言，便打去电话责问。这位先生没有实话实说因为工作把太太忘在了脑后，而是连忙撒谎说自己这些天一有空就在帮她挑选百合花，想趁着晚上花好月圆当面送她。结果，这位太太非常开心地挂了电话，琢磨着怎么给先生一个惊喜。

　　先生终于忙完了工作，晚上下班后连忙跑到花店里买了花，回到家送给了太太。而太太则以一桌丰盛的晚餐回报。虽然太太的手艺不佳，满桌的菜肴难以下咽，但先生却硬着头皮吃，边吃边赞"味道好极了"，假装吃得津津有味。

　　而忙活了半天，正沉浸在收到鲜花的幸福中的太太虽然明知道自己的水平欠佳，先生是在"说谎"，但却绝对不会不开心，而是因为先生的体贴而感动。她感到自己的辛苦没有白费，非常开心，两个人之间充满了浪漫与温馨。

　　试想，如果先生说了实话，无疑会使太太感觉受冷落，会使太太觉得自己的付出"不值"，这对夫妻关系没有任何好处。结果，一句"谎言"使夫妻两个人其乐融融。这位先生说的就是"善意的谎言"。

　　善意的谎言能够成人之美、宽人之心，成为人际关系的润滑油，是生活的调味剂，不论是在夫妻之间，还是在长辈和晚辈之间，以及朋友之间，都是不可或缺的。特别是在人们之间产生了误会的时候，往往感性会战胜理性，往往不愿意听到"刺耳"的真话，这时候，能够消除不愉快的善意的谎言就是最好的语言了。

有一老一小两个盲人，每日里靠弹琴卖艺维持生活，相依为命。老人像照顾自己的亲生孩子一样照顾着那个孩子。有一天老人病倒了，他自知自己年迈体弱，恐怕不久就会离开人世，但他放心不下这个孩子，怕孩子一个人失去了活下去的勇气。

于是，老人把孩子叫到床头，紧紧拉着孩子的手，吃力地说："孩子，我这里有个秘方，这个秘方可以使你重见光明，我把它藏在琴盒里了。但你千万记住，你必须在弹断第1000根琴弦的时候才能把它取出来，否则，你是不会看见光明的。"然后他把琴盒交给了孩子。孩子流着眼泪接过了琴盒。老人含笑仙去。

孩子用心记着师父的遗嘱，为了重见光明，他努力练琴。日复一日，年复一年，不停地弹，渴望着有一天能弹断1000根琴弦，重见光明。当这名少年到了垂暮之年的时候，他终于弹断了第1000根琴弦。这位饱经沧桑的老者像孩子一样按捺不住内心的喜悦，他双手颤抖着，慢慢地打开琴盒，取出了秘方，请人帮他读出来。

然而，别人却告诉他，那只是一张白纸，上面什么都没有。一瞬间，老人什么都明白了，他笑了，眼泪滴落在纸上，他懂得当年的老人是为了让他勇敢地活下去，才骗了自己。这些年来，正是靠着这善意的谎言，他才没有放弃希望，没有放弃自己。

在这个例子中，老盲人生前留下的善意的谎言成为小盲人生活下去的希望，成为他生活沙漠中的绿洲。在生活中，其实很多人都懂得善意的谎言的必要性，这些善意而美丽的谎言是人生的另一种风景，尽管它的内容不是真实的，但表达的感情却是真诚的。它丰富了人们生活的情趣，使人们之间的关系更为和谐，生活更愉快和美满。

有时候，善意的谎言甚至能够救命。

一个煤矿发生透水事故，很短的时间里，大水便淹没了平巷和顶棚，出路被封死。当时有 4 名工人正在井下作业，他们被大水逼到平巷上方一个平台上，情况万分危急。

为了自救，他们分两组轮换着向平台上方挖通道。连续 4 天，他们没有吃过东西，饥饿、寒冷、恐惧和绝望一起袭来。为了鼓舞大家不要放弃希望，工长一次次地谎报说，水位正在下降，只要坚持下去，他们就能活着出去。

到第 5 天时，已经有人虚脱昏迷，可也就在此时，奇迹发生了，水位真的下降了。原来，井上的人们安装了 9 台抽水机，日夜不停地排水救援他们。当他们四人相扶着一步步爬到井口时，人们爆发出一阵阵欢呼。正是工长的谎言，给了他们坚持下去的勇气，让他们在与死神的搏斗中赢得了最后的胜利。

20 世纪初，美国一架飞机遇到沙尘暴袭击，只好在沙漠里迫降。虽然迫降成功，但飞机已经严重损毁，通信设备也遭到严重损坏，而且，飞行员也死了。乘客们陷于绝望之中，求生的本能使他们为争夺有限的食物和水而大动干戈。

正在紧急关头，一名乘客站出来说："大家不要惊慌，我是飞机设计师，我也会开飞机。只要大家齐心协力听我指挥，就可以修好飞机，带你们离开这里。"这句话让人们恢复了镇静，一切变得井然有序起来。

由于每个人都自觉地节省水和食物，他们没有人因饥渴而死。十几天过去了，飞机并没有修好，但是有一队往返在沙漠里的商人驼队经过这里，搭救了他们。

其实，那位乘客根本就不是什么飞机设计师，他也不会开飞机，而是一个对飞机一无所知的小学地理教师。假如这位教师当时不撒谎，恐怕大部分乘客都无法活下来。

在上面的例子里，说实话只能引起恐慌，让人们更加绝望。而善意的谎言能鼓舞人们的精神，不轻言放弃，这就是它的价值所在。

撇开道德的标准，谎言就是一种智慧。美丽的谎言出于善良和真诚，从这个意义上来说，它不仅不悖于道德，反而是一种有智慧的道德。如果你能本着真诚的原则，为了生活更美好而说了谎话，我想，没有人会把你当做卑鄙小人。

当开诚布公、直截了当的实话会伤害别人的时候，那么，请你用真诚的心和你的智慧去选择善意的谎言。如果善意的谎言能够让世界更温暖和美好，能够让人们不再痛苦和忧伤，那么多一点谎言又有何妨？

歪理四：活着，不是为了不停赶路

活着是个不短的路程，没事的时候也要四处看看，别只顾着赶路，一闭眼一睁眼的工夫已经走到头了，才发现自己对什么东西都没印象。

海伦·凯特说："我要把别人眼睛所看见的光明当做我的太阳，别人耳朵所听见的音乐当做我的乐曲，别人嘴角的微笑当做我的快乐。"或许有人认为海伦的唯一乐趣就是阅读，事实上，她的乐趣是丰富多彩的。

"我们的小别墅在一个湖的边上。在这里，我可以尽情地享受充满阳光的日子。所有的工作、学习和喧嚣的城市，全都抛在脑后。然而我们却听到遥远的太平洋彼岸正在发生着残酷的战争以及资本家和劳工的斗争。在我们这个人间乐园之外，人们纷纷攘攘、忙碌终日，丝毫不懂得悠闲自得的乐趣。尘俗之事转瞬即逝，不必过分在意。而湖水、树木，这到处漫山遍野长满雏菊的宽广的田野、沁人心扉的草原，却都是永恒存在的。"

人生的意义是什么？是忙忙碌碌一刻不停歇，是兢兢业业操劳一辈子？再看看自己和身边的人，最近忙不忙？相信很多人会说，忙，每天都有一大堆的事情等着做。其实，人生不是为了不停地赶路，某一阶段很忙，那也只是生活的一部分，不能让忙碌成为生活的目的。在人生旅途中，我们要学会停下奔波的脚步，享受一下旅途中的风景。

在草长莺飞的季节，在一个风景优美的地方，人们三三两两悠闲地欣赏着美丽的风景，享受着美好的时光。就在这时，一辆车飞速地开过来，停在了路边，从车上走下来一对风尘仆仆的夫妻。

疲惫的妻子左手中拿着一份旅游示意图，右手则拿着一支笔，在环顾四周之后，她问旁边的一个游人："请问，这里是某地吗？"路人回答说是的。

"好了，赶紧拍张照片，这地方来过了。"妻子对丈夫说。然后，妻子在那份旅游示意图上作了一下标记，就和丈夫匆匆上车走了，奔赴下一个景点。

这对匆忙的夫妇，忘记了来旅游的真正目的。旅游的目的，就是放松心情，舒畅情怀，而这两个人却只是一味地忙着赶路，把旅游当成了一种任务去完成，这又如何体会到其中的乐趣呢？其实人生也一样，匆匆忙忙，又有多少能停下脚步，享受一下人生的乐趣呢？

陶渊明在南山旁筑了间小屋，篱下种满菊花，于是有了"采菊东篱下，悠然见南山"的一份闲逸。我们也不要只顾着匆匆赶路，不妨为自己劳碌的心造一间房子，然后再开一扇小窗，面朝大海，春暖花开。

有个人要在客厅里挂一幅字画，他一个人不方便，便请邻居来帮忙。正准备砸钉子的时候，邻居提出了参考意见，说："这样不好，最好钉个木块，然后把字画挂在上面。"这人听从了邻居的意见，就让他帮着去找锯子锯木头。结果刚锯了两三下，邻居说："不行，这锯子太钝了，得锉一锉。"

然后，这位热心的邻居丢下锯子去找锉刀，准备磨一下锯子。锉刀拿来了，他又发现锉刀的柄坏了。为了给锉刀换一个柄用得顺手，他就拿起斧头直奔树林里去砍小树。就在要砍树时，他发现那把生满铁锈的斧头实在是不能用，必须得磨得快一点。

找来磨刀石后，邻居又发现，要磨快那把斧头，还必须得用木条把磨刀石固定起来。于是，他又去了木匠家里找木条。

　　这个人等着邻居去拿锯子，结果过了很长时间，也没看到邻居回来，只好还是用钉子把字画钉在了墙上。

　　等到这人再见到邻居的时候是在第二天，他走在街上，看到邻居正在帮木匠从五金商店里往外搬一台机器……也许忙到最后，恐怕连这个邻居自己都不知道究竟要忙什么了。

　　很多人都在忙忙碌碌中度过每一天，但是到底为什么忙呢？有人说，不知道，瞎忙。有人说，是为了生活而忙碌。司马迁曾说："天下熙熙，皆为利来。天下攘攘，皆为利往。"然而，人的欲望是无法满足的。"夫千乘之王，万家之侯，百室之君，尚犹患贫，而况匹夫编户之民乎"。

　　追求永远没有止境，是不是就一直不停下赶路的脚步呢？这样忙碌一生，最终没有享受到生活中的美好，结果是不是与我们的目标背道而驰呢？当我们不懂得驻足，很可能我们的生活就只剩下了劳累和辛苦。

　　如今，人们越来越没有时间去寻求生命中的惊喜和美丽了，许多人为了地位、金钱和权力而花去了自己大部分时间与精力。他们已经没有什么闲情逸致来看路边的风景了，他们只是忙着赶赴目的地。但等他们到达目的地时，却发现最美好的东西，已经在路上被自己错过了。

　　因此，忙忙碌碌的行程中，不必担心自己停下脚步就会失去什么，人生路上的美景，不会因你的担忧而失去。何必活得那么累？感觉到累的时候，请停下你行走的脚步吧。不妨让自己平躺在草地上，闭上眼睛，感受着风穿过的声息，倾听自然的音符。

　　学会留下一点时间给自己来欣赏一下路边的风景吧。只要沐浴在阳光里，想象着南来北往的风把一切烦恼和劳累都吹散，你就能享受生活所赋予的快乐和惬意。就这样打一个小盹儿，然后一身轻松地继续行走在人生的征途上，就能活出自己的美好人生。

歪理五：好汉也要吃点眼前亏

> 这个世界上不吃小亏就会吃大亏，眼前不吃亏，备不住后面有人倒后账。不是堵枪眼的才是好汉，最终把事情摆平的才是真英雄。

常言道"好汉不吃眼前亏"，但在实际生活中的很多地方，却要学会"好汉要吃眼前亏"。因为老祖宗还有一句话值得我们深思："人在屋檐下，不得不低头。"大丈夫能屈能伸，在形势逼人的时候，委曲求全做出低姿态，以图积蓄力量东山再起，也是一种大智慧。

懂得吃眼前亏并不是懦弱、猥琐，而是一种智慧的处世方法。所谓"外圆内方"，外圆，就是不能太刚，棱角不能太盛，刚则易折。为了长远的或者更重要的目标，暂时忍让一下，是必要的。

森林里，老虎带着两个小弟狼和狐狸一起出去打猎，它们捕获了一头羚羊，一只狍子和一只兔子。

老虎非常和蔼地问狼："这些猎物应该怎么分配啊？"狼想都没想就发表意见说："公正的分法就是羚羊归你，狍子归我，兔子给狐狸。"

老虎听了，也没说什么，直接举起爪子，就把幻想着分到狍子的狼打死了。

然后，老虎又转身问狐狸："你看猎物应该怎么分配啊？"狐狸眨巴了一下眼睛，马上回答道："公正的分法是羚羊可以作为您的主食，狍子可以成为您的零食，而兔子可以当做您的饭后甜点。"

老虎非常满意狐狸的回答，说："都说狐狸聪明，我以前还不相信呢，你是怎么知道这个答案的？"狐狸回答说："在你打死狼的时候，我就知道答案了！"

狼有些不自量力，想从老虎的嘴边分到食物，结果丢了性命。而狐狸则主动要求不分给自己任何猎物，看来是吃了眼前亏，但其实是占了大便宜，至少它留得了性命。留得青山在，不愁没柴烧，若它不这样，换来的就很可能是老虎的利爪，以后就再也没有享用美食的机会了。

"忍一时风平浪静，退一步海阔天空""吃亏是福"，这是一种玄妙的处世哲学。常言道，识时务者为俊杰。所谓俊杰，说的就是那些看准时局，能屈能伸的处世者。因为眼前亏不吃，可能要吃更大的亏。

在平时的生活中，特别是感情问题上，尤其是夫妻或恋人之间，也要做到"好汉吃得眼前亏"。双方闹了矛盾，终要有一方主动和解，要低下头抚慰对方，如果双方都坚持自己是有理的，都不肯主动让步，结果有可能使双方感情受伤，劳燕分飞。

有些时候，吃亏也是一种福气。

英国哈利斯食品加工公司总经理彼克很重视食品安全。有一次他从化验室的报告单上得知，市面上很多食品的配方中都含有添加剂，这些起保鲜作用的物质其实是有毒的，虽然毒性不大，但长期食用对身体有害。他们生产的食品中也含有添加剂。

彼克考虑了一下，为了自己的长远利益，决定公布这件事情。而且要求他的公司生产食品时不用添加剂，当然这样会影响食品的新鲜度，肯定会有损销量，但他觉得暂时的吃亏也是值得的。同时他向社会宣布：防腐剂有毒，对身体有害。

结果，几乎所有从事食品加工的老板都联合起来，用一切手段排挤他，指责他别有用心，通过打击别人来抬高自己，他们不仅抹黑他，并且一起抵制彼克公司的产品。彼克公司的食品销售量锐减，公司一下子到了濒临倒闭的边缘。

但是，彼克没有退缩，他一直坚持着自己的做法，坚持在这个市场上吃亏。在苦苦挣扎了4年之后，彼克的食品加工公司已经无以为继，但他的名声却家喻户晓。这时候，政府站出来支持彼克了，因为他做的事情是正确的。

很快，哈利斯公司的产品又成了人们放心购买的热门货。公司在很短时间内便恢复了元气，规模扩大了两倍，一举成了英国食品加工业的老大。

在我国山东某地，有个做砂石生意的老板，他没有文化，也没有什么人际关系，但生意却越做越好。后来，他认识的人更多了，生意也更好了，历经多年而长盛不衰。说起来他的秘诀也很简单，就是与每个伙伴合作的时候，他都只拿小头，把大头让给对方；对每个顾客他都只赚一点点，利润远远低于同行业的其他人。

这样一来，凡是与他合作过一次的人，都愿意与他继续合作。有些人还会介绍一些朋友跟他做生意，再扩大到朋友的朋友，最后都成了他的客户。

因为他只拿小头，人人都觉得他吃了亏。但所有人的小头集中起来都给了他，也就成了最大的大头，他才是真正的大赢家。

成大事者，不会是小气的人；有成就的人，也绝对不是一个斤斤计较的目光短浅的人。"吃亏是福"的思想非常睿智，里面深藏玄机。很多人不懂得忍让，特别是为了利益的时候，更是寸步不让，不懂得吃亏是福。其实，表面上看似吃了亏，长远来看吃亏者未尝不是最大的赢家。

当然，吃亏要吃在明处，要让人知道，要争取补偿，至少要让人记得这个情分，不要"哑巴吃黄连——有苦难言"。就像三国时的孙权，为了得到荆州，对刘备用美人计，结果被人将计就计，赔了妹妹，又折了兵，而荆州还是在人家手中，偷鸡不成蚀把米，这个亏吃得未免太不值。

所以说，好汉不仅要能吃点眼前亏，还要会吃亏。吃亏最终目的是以吃眼前亏来换取其他的利益，是为了生存或更高远的目标。吃亏是一种人情世故，懂得吃亏，就是在展现自己的宽厚和真诚。今天，你亏掉的是一滴水，他日对方将以涌泉来回报。

歪理六：有时糊涂比明白更智慧

人生因糊涂而期待，因清晰而郁闷。什么事情知道多了不好，从头到尾太明白了也不好，假如这辈子始终能半梦半醒，那也是一种超越。

人为什么难得糊涂呢，就是因为人们往往都太过精明、太过计较，都清醒得很，要让他揣着明白装糊涂，很难做到。其实，别把事情看得那么重，别对某些事斤斤计较，睁只眼、闭只眼也就罢了。一个懂得糊涂的人，是一个大度和宽容的人，他总是能让则让，能忍则忍。这样就会避免很多烦恼，活得悠然。

在现实生活中，很多人太清醒，眼里揉不得沙子。看到某事有猫腻，就不吐不快，看到某人犯了小错，就不依不饶。其实，这世界本来就不完美，事情往往都坏在较劲上。如果对别人甚至自己要求过于严格以至近于苛刻，要求事事随心，那不过是自寻烦恼罢了。这样较劲又有何益呢？

有一位得道的高僧，在他的门下有两个得意弟子，这两位弟子同样精通佛理，受到人们的敬仰。随着高僧年老体衰，他预感到自己将不久于人世，但是还有一个问题没有解决，那就是让哪一个徒弟作为自己衣钵的传人，从而让自己的学问继续发扬下去。

老和尚想出了一个问题来考察这两个徒弟，然后再根据他们的答案确定接班人。这道题并不是单纯考那些和佛学相关的知识，"题目是这样的。"老和尚对徒弟们说，"你们出去给我捡一片最完美的树叶，谁找到了谁就是我的衣钵传人。"

听到师父的题目，两个徒弟若有所思，这道题目好像跟佛学没有关系，但好像也有点关系。虽然不明白这道题目的真正含义，两位徒弟还是领命而去，去寻找那片最完美的树叶。

大徒弟没用多长时间就回来了，但他只递给了师傅一片非常普通的树叶，这片叶子并没有什么特别的地方，看上去跟其他树叶没什么两样，但大徒弟却说这就是完美的树叶。

又过了很长时间，第二个徒弟空着手回来了，他非常沮丧地对师傅说："我按照您的要求去找完美的叶子，虽然我看到外面有很多很多的树叶，但是每一片叶子都不同，有的是脉络好看，有的是叶子的形状好看，不知道哪一片是最完美的。"

老和尚把衣钵传给了大徒弟，然后他给两个徒弟做了一番解释："世界上本来就没有绝对的完美。事事如果能够达到完美，哪里还有喜怒哀乐，哪里还有万千众生相？我们每天的修行也就没有意义了。修行的目的就是为了去除心中的杂念，让自己的心境尽量达到完美。"

大徒弟之所以通过了考试，关键就是他领悟到了这世界上没有完美的树叶，如果执意找寻，只能让自己陷入困扰。面对世事，不能一味地较真，该糊涂时就要糊涂，所以，大徒弟最终找了一片普通的树叶回来交差。而另一位徒弟则过于执拗，他为了追求完美，跋山涉水地去寻找那片不存在的、所谓完美的叶子，最终只能是空手而归。

明代洪应明所著《菜根谭》中也说："大聪明的人，小事必朦胧；大懵懂的人，小事必伺察。盖伺察乃懵懂之根，而朦胧正聪明之窟也。"也就是说，真正大聪明的人，对小事抱着模模糊糊的态度，马马虎虎过得去就行了，这才是大智若愚。

人生就像叶子一样，每个人都是独一无二的，有的人过于追求完美，反而落了下乘。有时候对于不可能达到的程度，我们完全可以糊涂一下，退而求其次。只要我们适度糊涂一下，我们的人生就会变得相对"完美"。人生难得糊涂，那些人生中不可避免的瑕疵，也变得不再那么难以忍受，从而乐在糊涂。

对于一些年轻人来说，往往因为年轻气盛，而眼睛里揉不得沙子，大有"众人皆醉我独醒"的感慨，而且，常常挟"初生牛犊不怕虎"的气魄而不分场合地大发议论，一针见血地指出自己看不惯的地方。这种自我表现和炫耀的行为常会给人留下一种傲慢、偏激的印象，无形之中伤害了他人的自尊也损害了自己的形象，不是明智之举。

难得糊涂，除了别太较真的意思外，还包括一点，就是这种糊涂并非真的糊涂，而是装糊涂。其实什么都看透了，却装着没看明白，没看透，心里明镜儿似的，但是却看淡了、看通透了，能够看得开，放得下，否则可就太痛苦了、太累了。这是一种真正的大智慧。

有篇名为《看透，但别说透》的文章，讲了自己"装糊涂"的智慧，文章是这样说的。

他表面上好像是将工资、奖金如数上交，仿佛财政大权让你全权掌握，可背地里却扣下了一部分，藏着掖着，偷偷给乡下的父母亲和弟弟妹妹送去。先别生气，试着从另一面看看，一个大男人，就是为了哄你开心，为了让你安心，为了让你有高高在上、大权在握的感觉，想方设法地让你快乐、让你得意……

他藏私房钱的时候多累啊，又得想着藏多少才不至于显山露水，又得考虑藏到哪儿才不至于让你逮个正着。而且，为了向父母表达做儿子的孝心，为了向弟弟妹妹表达做兄长的情义，他偷偷摸摸双手奉上金钱的时候，还得表现得特别大气，你想，多不容易啊！看透了，就不要再说透。

是呀，明明知道丈夫在偷偷地藏私房钱，但是却不说透。这不仅仅是一种豁达，更是一种难得的体贴和理解，是一种爱的表达，是维持婚姻和谐和生活幸福的秘诀。这种理解和豁达，这种难得糊涂，值得每一个人深思和学习。

难得糊涂，糊涂比明白更智慧。难得糊涂，就可以在纷繁之中保持宁静如水；难得糊涂，就可以在鸡毛蒜皮的计较中保持超群脱凡之态；难得糊涂，就可以笑看风云，遍尝人生之快乐真谛。

思想观念篇

倾斜着的角度，更另类的创意

第一章　怪异观念
——给成功加点不一样的作料

人说成功就是要堂堂正正地走正门，但是正门没开，今天的事情就不办了么？如果今天不办，成功就远离了你一大步。旁边就是一个走进理想殿堂的小门，你就真的愿意这样放弃么？人们常说成功的人走的都是窄门，那就不妨给自己的成功加点不一样的作料。这个时代，如果全都跟着别人走，即便是路再宽，人多了也难免会把自己挤趴下的。

歪理一：人弃我取，反其道而行之

别小看那个捡剩的，只要眼睛好使，捡回去的必然都是对自己大有用处的宝贝。所以别人前面玩儿命扔，咱就在后面拼命挑着捡吧……

顾恺之是晋朝最著名的画家，他的真迹没有流传下来，如今流传下来的摹本《女史箴图》和《洛神赋图》都是国宝级珍品。据说他很爱吃甘蔗，每次吃甘蔗，都是先从甘蔗尾吃起，慢慢才吃到甘蔗头。这正好和一般人的吃法相反。有人问他为什么这样吃，顾恺之回答说："这样吃才能渐入佳境呀！"

反其道而行之，实际上是一种逆向思维，有时候能起到意想不到的效果。正如顾恺之所说，这样可以渐入佳境。这种思维方式是对司空见惯的似乎已成定论的事物或观点反过来思考的一种思维方式。这种反其道而行的方式往往用在商场中，一条另辟蹊径的道路，往往也是一条成功的捷径。

有一位人生导师，要求参加培训的学员们每天都要参加晨跑。晨跑时，所有的学员都朝一个方向跑，而这位导师偏偏从相反的方向跑过来。他看到学员中的每一个人，都微笑着打招呼。

上课的时候，这位导师问："大家知道我为什么迎着你们跑过来吗？"学员们都说不知道，这位导师告诉他们："晨跑活动就像人的思维模式，如果你们的思维跟大多数人相同，你就只能跟在别人后面，或者被埋没在一群人里面，很难让人一眼看到。但是，当你的思维模式和别人不一样时，就像我迎面向你们跑来，你们就都看见我了，记住我了，这就是我的不同之处。"

老师接着说："顺着大多数人的方向追逐成功，竞争对手是非常多的，如果你反其道而行之，可能这条路上只有你自己。"

当大家都朝着一个方向时，如果你能独自朝相反的方向思索，你就具有独特性、唯一性。人弃我取，别人弃的，未必不是宝贝，如果你能合理运用在别人眼中无用的东西，很可能会产生出奇制胜的效果。

美国得州有座很大的女神像，因年久失修，政府把它拆除了。女神像变成了一堆既不能就地焚化，也不能挖坑深埋的废料。如何处理这几百吨垃圾，成了大难题。根据预算，处理这堆垃圾至少得花 2.5 万美元，没有人愿意揽下这份苦差事。

这时候，一位名叫斯塔克的商人来到市政有关部门，主动将差事揽在自己头上，而且只需要政府拿出两万美元给他。政府当然求之不得。

然后，斯塔克开始大干起来。他请人把这些废料进行加工：把废铜皮改铸成纪念币；把废铅、废铝做成纪念尺；把水泥做成小纪念碑；把神像帽子做成很好看的小帽子或者改铸成小神像；甚至朽木、泥土也被装在一个个十分精美的盒子里。

为了引起大家的好奇心，他还雇了一批人，将这些废物围起来，禁止行人参观。斯塔克的神秘举动引起了人们的极大好奇心，结果，一天晚上，有人溜进去偷走了一件纪念品。这件事立即传开，斯塔克借机大做广告，他在宣传中说："美丽的女神已经去了，我只留下她这一块纪念物。我永远爱她。"

结果，这些纪念品出售时，很快被抢购一空。最终，他从一堆废弃的垃圾中净赚了 12.5 万美元。

斯塔克把这些垃圾加工成纪念品的行为，正是利用了人弃我取的思路，反其道而行之，变废为宝。但是，为什么人们乐意去购买这些用"垃圾"做成的东西呢？这是因为，从心理学上来讲，越是难以得到的东西，对人们就越有吸引力。相反，轻易得到的东西，人们反而不会太珍惜。斯塔克就是利用了人们这种心理，他不像一般商人那样正面推销，而是故意禁止人们参观，这样人们就越想知道他在做些什么，也就达到了促销的目的，这同样也是一种反其道而行的策略。

西汉·司马迁《史记·货殖列传》："李克务尽地力，而白圭乐观时变，故人弃我取，人取我与。"说的是战国的商人白圭创造的一种适应时节变化的经商致富办法。这个办法说起来也很简单，那就是别人不要的我要，别人要的我不要。

按照这个办法，在丰收季节，农民收的粮食很多，大家都不要，价钱也就便宜下来，白圭就大量买下粮食。这时，蚕丝、漆等因不是收丝或割漆的季节，没有大量上市、价钱自然很高，白圭就把这些货物卖出去。等到了收丝时节，蚕丝大量上市，价钱贱下来，而粮价却高了起来。这时，白圭就收进蚕丝，卖出粮食。他就在这买进卖出之间，牟利致富。

后来的晋商日升昌票号也有句发家名言"人弃我取，人取我与"，这句话道出了晋商的经营之道，跟战国时白圭的做法有着异曲同工之妙。

人弃我取，是一种很有智慧的成功观念。所谓条条大路通罗马，在人人追求成功、人人渴望实现自身价值的现代社会，反其道而行无疑为我们提供了一条非常规的路子。很多人找不到成功的窍门，找不到直通成功的那条终南捷径。其实，成功并不是无路可寻，而是我们的眼光只局限于一个方向。

不论做什么事情，都不要盲目追随大众，不要拘泥于传统，要学会看看众人相反的方向。很多机遇都在背对着众人的方向，人人都在向前看，也就忽略了背后唾手可得的机遇。多数人看到孩子掉到水缸里，会想到把孩子从水里捞出来，而司马光却能想到把缸砸破，让水离开孩子，这就是智慧。

因此，要想成功，不必老盯着大多数人行走的方向，要学会用不同的角度去琢磨问题。走与别人相反的路，用别人想不到的法子，更容易成功。

歪理二：祸中取福，种瓜也能得豆

祸兮福所倚，福兮祸所伏。在我们做事情失败的时候，从另一个角度去看，或许也是一种收获，种瓜虽不得瓜，得豆也不错。

常言说："种瓜得瓜，种豆得豆。"不过，在我们的生活中，也常常会种下种子而没有收获的时候，付出了却没有回报。有些人可能会为此而懊恼，认为白白浪费了自己的时间和精力，却没有得到预期的效果。其实，即使这件事本身没有成功，也可能会有其他的收获。种瓜不得瓜，得豆也不错。

在爱迪生试验了 2000 多种材料都无法作为电灯泡的灯丝时，有人笑他："你失败了这么多次还不放弃。"没想到爱迪生却回答："我已经成功地知道了 2000 多种材料不适合做灯丝了。"一般人绝不会把这么多次失败当成"好事"，看做"收获"，然而智慧的爱迪生却从另一个角度解读了这种种瓜不得瓜的结果，把失败当成了另一种成功。

　　祸兮福所倚，福兮祸所伏，灾祸之中往往蕴藏着福祉。的确，如果换一种角度去看，完全可以把失败看成成功，从祸中得福。灾祸并不可怕，很多"坏"事之中，藏着好的机遇，就看你能不能抓住，会不会利用，如果你能充分利用，那么你就能种瓜得豆。

　　根据记载，在南宋绍兴十年七月的一天，杭州城里最繁华的街市发生了一场意外的火灾。当时，大火熊熊，蔓延迅速，很快整个城市都陷入一片火海。这次火灾，焚毁了数以万计的房屋商铺。

　　人们面对大火无能为力，很多人看着自己辛苦积攒的财物毁于一旦，捶胸顿足，呼天抢地，痛苦不堪。其中，有一位姓裴的富商，也有几间当铺和珠宝店在大火中焚毁。但他没有让手下的伙计冲进去抢救财物，而是镇定地让大家撤离，看上去不急不躁，一副听天由命的样子。别人都以为他急得神志不清了。

　　大火之后，曾经车水马龙的杭州城，大半已是废墟，一片狼藉。面对这场天灾，裴姓富商却不动声色，只是暗地里派人从长江沿岸平价购回大量木材、毛竹、砖瓦、石灰等建筑用材。买来之后，裴姓商人又归于沉寂，整天只是品茶饮酒，逍遥自在。人们都不知他此举是何意。

　　答案很快就揭晓了：人们要重建家园，杭州城内一时大兴土木，建筑用材供不应求，价格陡涨。不几日朝廷颁旨：重建杭州城，凡经营销售建筑用材者一律免税。而这时，裴姓商人趁机抛售囤积的建材，获利巨大，成为杭州城内最大的建材商。

　　人生中难免会遇到一些灾祸、一些失败、一些意外。面对这些，恐惧、逃避都是于事无补的，而不恰当的处置可能会使自己更加被动。因此，当我们遇到灾祸之时，绝不可六神无主、坐以待毙。如果我们能够换一个角度去看问题，就能从被动变为主动，在灾祸中寻找到机遇，从而化险为夷，把不利的事情变得有利。

欧洲伟大的探险家哥伦布本来计划航海横穿大西洋去发现亚洲，但是计划失败了。尽管他没找到亚洲，最终却发现了新大陆，就是现在的美洲。如果辩证地看待世间的万事万物，就可以发现，人生、世界就是一条绵延不绝的得失的链条，福可以成祸，祸也可以成福；得可以变成失，而失也可以变成得。

炎炎的烈日下，喝一口冰镇的可口可乐，是多么惬意的事情。它的口感老少皆宜，在很多家庭，可口可乐几乎已经成了必需品。然而，你可知道，这种风靡全球的饮料，它的出现不过是一个美丽的错误。

美国有一位药剂师，他呕心沥血地研究出一种治疗头痛的药，他把可可叶和可乐果进行提炼，然后加入一些酒类物质，利用酒精和可卡因、咖啡因等兴奋剂制成一种药用原浆。配好药后掺兑一定比例的纯净水，就可以给患者服用。

但是有一次，店员一不留神错把苏打水当白开水冲了下去，"糖浆"冒起了气泡。这位药剂师尝了尝味道，还别有一番风味。从此，长期雄踞世界市场的碳酸饮料——可口可乐，就这样诞生了。

德国有一个生产书写纸的工人，工作时不小心弄错了配方，结果生产出一大批不能书写的废纸来。倒霉的他不仅被扣了工资和奖金，最后还遭到解雇。正当他灰心丧气的时候，有朋友提醒他，让他想想，这批作废的纸有没有别的用处。

结果，他很快认识到，这种纸虽然不能做书写用纸，但是吸水性能相当好，可用来吸干器具上的水。于是，他将这批纸切成小块，取名为"吸水纸"，投放到市场，没想到相当抢手。后来，他申请了专利，成了大富翁。

中国有句古话叫做"失之东隅，收之桑榆"，还有一句话叫做"有心栽花花不发，无心插柳柳成荫"，讲的都是这种情况。失败和灾祸里面往往有着与好运等同的含金量，很多时候，人生中的一些失误结局反倒都很不错，有时甚至好得超过原来的预期。我们要学会正视人生中的各种不顺利，将它们转化为收获，让这些没有结出"瓜"的种子结出"豆"来，这才是我们的正确选择。

人人渴望成功，但是在追求成功的路上，却常常出现失误或者不如意。有人说"成功的法则就是把犯错误的速度提高一倍"，换种说法，也可以说成功就是不断地失败，不断地收获。

祸福相倚，走向成功的路上，有荆棘也有鲜花，有绊脚石也有登天梯。和氏璧在剖开之前，人们都以为那只是一块普通的石头。在我们种下了美好的种子，却没有得到期待中的收获时，千万不要用僵化的眼光看待这种结果。在成败交替的人生旅途上，我们很可能从"瓜地里"收获一大堆"豆子"，从而获得意想不到的成功。

歪理三：别人的路，可能你就走不通

　　别人的路是别人的，老天爷对每个人的一辈子都有着精心的规划。他走死胡同那叫突破自我，彰显穿墙术的魅力，你过去说不定就叫做撞了南墙不回头。所以人这辈子，不要随便模仿别人，即便真是同一类人，也将面对各种不同的选择。

　　法国有位著名的科学家做过一个著名的实验：把许多毛毛虫放在一个花盆的边缘上，让它们首尾相接，围成一圈，并在花盆周围不远的地方，撒了一些毛毛虫喜欢吃的松叶。

　　实验开始后，毛毛虫一个跟着一个，绕着花盆的边缘一圈一圈地行走，一小时过去了，一天过去了……这些毛毛虫只知道跟着前面的那只毛毛虫不停地走，最终它们因为饥饿和精疲力竭而相继掉落下来，没有一只能吃到松叶。

　　在嘲笑毛毛虫只知道跟着前一只行走的同时，我们应该反思一下自己，是不是也曾经跟在别人后面，走在别人的路上。人们常说，成功可以复制。前面的人或许在这条路上创造了辉煌，但是，盲从别人的路，并不见得就是成功的捷径，很可能我们走上去就是不通的。

　　郑先生是做翻砂厂起家的，前几年一直经营得很顺利，效益还算不错，成了远近闻名的百万富翁。手里有了钱之后，他就琢磨着投资点什么。妻子劝他还是干自己的老本行，开发几种新产品出来。但是，他觉得这样赚钱太慢，一心想找一条捷径。

正好有一天，他跟朋友聊天的时候，对方跟他说起自己前两年购买基金赚了不少钱，他不由得心中一动。朋友跟他说，基金风险比较低，不像股市那样大起大落，自己通过学习一些理论知识，加上从电视上跟专家学习，基本摸到了一些窍门。

郑先生听后再也按捺不住，他去银行咨询了一下，看到很多宣传资料，不少基金还打出高收益口号；再结合朋友的经验盘算：基金的年收益率至少能达到20%，自己投入100万元，3年时间就能赚七八十万元，还不像经营翻砂厂那样累，这个想法让他蠢蠢欲动。

于是，"魄力十足"的郑先生果断地把辛辛苦苦赚到的100万元投了进去。朋友听说后非常惊讶，劝他慎重一点。他却说："你都赚了两年钱了，都没有什么风险，我怕什么啊！难道只许你赚，不许我赚啊！"

朋友听了这话，也不好再说什么。不料，转年股市崩盘，基金也随之大跌，郑先生的基金缩水了三分之二！

无独有偶，投资股市的杨志明也因为眼红别人赚钱而血本无归。那是在2007年，当时股市一路飙升，就连搞清洁的大妈大婶都整天眉飞色舞地谈论今天又涨了多少多少点，形成了一股全民炒股的热潮。对股票一窍不通的杨志明看到别人在大把赚钱，也不禁心动了。

于是，他将自己的全部存款投入股市。

就在他整天满怀期待地做着发财的美梦时，金融危机爆发，股市一片哀鸿。当时，理智的投资者要么提前出逃，要么割肉平仓，甚至壮士断腕，都撤了出来。而根本不懂股市的杨志明开始还抱着幻想，等到想撤的时候，已经晚了，手里的股票在白菜价上被套牢了。直到此时，他才知道自己的盲目跟风是多么不理智。

人们常说，第一个夸女人是花儿的人是聪明人，但是第二个就不是了。路上有一块金子，第一个捡到了，后面的人再去恐怕就只能两手空空了。因此，不要看到别人在这条路上成功了，自己就不假思索地盲目追随，义无反顾地走上去。那条路对你来说，可能就是一条死胡同。

盲目跟风的人缺乏独立思考的精神，他们总是看到别人干什么，就跟着干什么，丝毫不考虑这样做适合不适合自己。别人能成功的事情，对你来说却未必可行，然而，偏偏就有很多人喜欢盲目跟风。甚至，有人看到别人在排队买盐，他也不管自己家里是不是缺乏，市场上是不是短缺，就跟着排上了。盲从至此！

生活中，条条大路通罗马，每个成功人士都有自己不同的经历，绝不能盲从照搬。别说别人的路不一定适合自己走，就连自己以前的成功经验，也不一定放之四海而皆准。以前奏效的办法，在新环境里，在新情况下，就不一定有用。盲目照搬，仍然不免失败的结局。

一头驴子驮盐渡河，走在河中间的时候不小心摔了一跤，那盐在水里溶化了。当它站起来时，突然感到身体轻松了许多。驴子非常高兴，自以为得到了"宝贵的经验"。

后来又一次，这头驴子驮着棉花过河。这次，当它走到河中心的时候，就故意跌倒在水中，想为自己减轻负担。

可是，这次棉花吸足了水变得很重，可怜的驴子没有再站起来，淹死了。

驴子的悲剧在于走自己的老路，那条路以前成功过，但现在情况变了，再那样走已经走不通了。因此，不管是别人的路还是自己的路，都不是百试不爽的金科玉律，如果不懂得思考，想要照搬一劳永逸的成功的方法，一定会失败得很难看。

李开复曾说："现在社会上有个通病，就是希望每个人都照同一个模式发展，衡量一个人的生命是否成功，采用的也是一元化的标准：在学校，看考试成绩；进入社会，看名利。真正的成功，应是多元化的。每个人的成功，都是独一无二的。只要你找到了自己的位置，生命就有意义。"

是的，每个人都有自己的追求，每个人都有属于自己的成功，都有自己的路要走。运动员要穿上最合适自己的跑鞋才能健步如飞，每个人只有找到最合适自己的路才能走出人生的精彩。

歪理四：没有长处的人，没有出头之日

每个人都是有特点的，想成功就先要找到成功青睐你的理由。没长处成功看不见你，既然跟你打不着照面，就更别提鹤立鸡群、出头之日了。

一个人处身立世，一定要有一技之长。如果你不善于在前台的聚光灯下表演，你可以去做幕后策划；如果你没有条理清晰的头脑，你可以从事感情细腻的文字工作。总之，要在合适的位置上展现出你的长处，让自己成为一个不可替代的人。

生活也是欺软怕硬的角色，对于那些没有长处的人，它总是肆意欺凌。就像人们对待柿子一样，总是拣软的捏。同样的境遇之下，没有长处的人总是一筹莫展，找不到解决问题的突破口。

每个人都有长处和短处，悉心经营自己的长处才能获得成功。在当下这个时代，要想生活得好，首先就要找到自己擅长的东西是什么、自己的优点是什么、自己究竟有哪些可以利用的资本。只有先搞清楚这件事情，才能找到适合自己做的事情，并把这件事情做出属于自己的精彩，早日熬到出头的那一天。

人的一生必定要锻炼出属于自己的长处，只有长处找到了，人生才有动力和方向。这个世界不同情平庸，也不会高看弱者。长处才是我们自己最有力的武器。只要我们能够将其反复磨炼发挥到极致，那么你必然会成为一块受人追捧的金子，闪烁出耀眼的光芒。

有一家中法合资企业要招聘两名公关人员。报名应聘的姑娘们都很漂亮，人也非常多。她们一个个谈吐不凡，落落大方，经过两轮的考试之后，还是没能确定要录用谁。于是人事部联合公关部设置了一个题目，根据应聘者在这个题目中的表现择优聘用。

第一个题目是让应聘者以该公司正式公关人员的身份在前台接待"客人"。

一位"客人"走进大厅，杨小姐微笑着走向前："先生，请问您找谁？"

客人："我找你们总经理。"

杨小姐："对不起，按照我们公司的规定，您不能直接上去，麻烦您登记一下。"

但那位客人却径直往前走，没有理会她，于是杨小姐拦住了他。客人表现得很不高兴，说道："你是新来的吧，我跟你们李总是老朋友了，来这里从来不需要登记。"说完继续往里走，杨小姐不知所措。评委们都摇起头来。

轮到罗小姐应试时，"客人"又进门了，仍然说要找李总经理。罗小姐把客人让到沙发上坐下，然后问："先生，请问您怎么称呼，让我向总经理通报一下好吗？"

于是，客人回答了他。罗小姐通报后，微笑着对客人说："对不起，让您久等了！李总欢迎您的到来，请！"客人满意地点头，评委们的脸上也都露出了笑容。

其实，一个人的长处不一定是非常高端或者复杂的技能，像例子中的罗小姐，只是善于沟通罢了，但是作为公关人员来讲，这就是她最大的长处。长处，就是瓦匠师傅抹的灰均匀一点；就是篮球中锋的突破能力强一点；就是公交车师傅开得更稳一些……但正是这些，就使他们在行业里脱颖而出，成为出众的人才。

生活中，常听到很多人感慨，说什么世间千里马常有，而伯乐不常有，觉得自己怀才不遇，还有人因不被重用而耿耿于怀。其实，应该先考虑一下自己到底有什么长处，要被伯乐看中，就要能够日行千里。要在某个单位里挑大梁，就要有中流砥柱的实力。怨天尤人毫无用处，没有长处，没有"一招鲜"，难免被人替代。

德国有一家电视台播出过一个"十秒钟惊险镜头"的节目，其中一个短片播出后，整个德国都在那10秒钟的镜头之后肃静了。

短片讲述了一个在火车站发生的故事，一列火车正在驶向车站，在铁轨的另一头，也有一列火车从相对的方向徐徐进站。一位扳道工准备去扳动道岔，他像往常一样轻松地走向自己的岗位。

就在这时，扳道工无意中看见，自己的儿子正在铁轨的一端玩耍，而这条铁轨上正行驶着将要进站的火车。

千钧一发，两难选择。若不去扳动道岔而回身抢救儿子，则会发生一场巨大的灾难；若是坚守岗位扳动道岔，则没有时间去救儿子了。

那一刻，扳道工没有任何犹豫。他用威严的语气朝儿子高喊："卧倒！"与此同时，他迅速冲到自己的岗位上扳动了道岔，两辆火车安然进入了预定的轨道。车上的旅客仍然在享受着他们的旅行，丝毫没有感觉到异常。他们谁都不知道，就在刚才的一瞬间，成千上万人曾经命悬一线。他们也不知道，就在此时，一个小生命正卧倒在铁轨的中间。

火车过后，扳道工跑过去抱起孩子，他欣喜地发现孩子安然无恙。一位记者恰好摄下了这一幕。经过采访，人们了解到，扳道工只是一个普通人，他唯一的优点就是忠于职守。而最让人吃惊的是那位卧倒在铁轨中间的儿童——那位扳道工的儿子，竟然是一个弱智儿童。

在生命攸关的那一秒钟，这个傻乎乎的孩子听到父亲的命令立刻"卧倒"了——这是他在跟父亲玩打仗游戏时能够听得懂，并做得最出色的动作。

这对感动了德国的父子，不过是芸芸众生中的两个普通人，甚至儿子连普通人的标准都达不到。但他们都有自己的长处，父亲的长处是忠于职守，因此，在危急时刻，他扳动了道岔，避免了灾难的发生。而弱智儿子唯一的长处，就是卧倒的动作做得好，紧要关头，这个完美的卧倒，挽救了自己的生命。

所以说，我们或许无法成为顶尖的科学家，无法成为光彩照人的明星大腕，但即使我们是很普通的一个人，我们也要让自己有长处，有特色。在生命旅途中，也许就是这一抹亮色，就能照亮我们的前程，从此迈向成功。

歪理五：后退，有时即是前进

以退为进，不是畏缩，不是一味忍让，而是韬光养晦、蓄势待发，是为了赢得更大的胜利。厚积才能薄发，蓄势以待进。后退不过是另一种形式的前进。

在所有的比赛中，只有拔河可以后退。是的，在拔河中，后退意味着胜利。然而，在我们的生活中，不唯拔河这项运动需要后退。很多时候，后退也是一种积极的人生策略，而并非都是消极退让。

后退，往往被人看做是懦弱的表现，其实不然。懂得适时后退，懂得以退为进的策略才是大智大勇。在跳远时，要想跳得更远一些，就必须先退几步再跳；射箭的时候，也必须先把弦向后拉，箭才能被射出去；拳头只有先收回来，打出去时才更有威力……

在 2007 年泛美运动会上，古巴女排和美国女排狭路相逢。两支球队对胜利都是志在必得。

由于双方势均力敌，比赛打得异常激烈和精彩，双方队员们体力消耗严重，中场休息时，一个个大汗淋漓，气喘如牛。第四局结束时，双方战成了 2∶2 平。接下来的第五局比赛成了决定胜负的关键性一局。

决赛前的气氛异常，古巴女排的教练神情严肃地挥舞着手臂，给姑娘们部署战术。

第五局开始之后，形势陡然发生了变化，一开始古巴队就连连得分，很快以 7∶0 的比分领先，远远地把美国女排抛在了后面。在接下来的回合中，美国姑娘虽然奋起直追，但终因比分悬殊太大而回天乏力。最后，古巴队以 6 分的差距，大胜美国女排，赢得了这场比赛。

到底古巴队的教练用了什么神奇战术，让美国姑娘们铩羽而归呢？原来，古巴队一向以拦网、扣杀见长，按说应该拦网得分。但在最后的这局比赛中，古巴队的布局做了很大的调整。她们除了二传手之外，所有的队员都向后撤了一段距离，也就是说放弃了拦网，把网前的空当完全让给美国队，这不是放弃自己的长处，拱手认输吗？

然而，这只是诱敌之策，是一种以退为进的高明战术。美国队不明就里，还以为是扣杀对方的绝好机会。但是，因为经过 4 局的比赛，队员们的体力都已消耗极大，扣球的威力已是强弩之末，根本没有杀伤力。几乎所有扣过网的球都被古巴队轻松地救起，结果美国队稀里糊涂地输掉了这场比赛。

人们常说："狭路相逢勇者胜。"但有勇无谋的人不见得就一定能取胜，所谓斗智不斗勇，力敌不如智取。在久攻不克、相持不下的情况下，不妨学一学古巴队以退为进的战略战术。以退为进，不是懦弱，盲目地前进只是莽夫的行为，懂得退步，才是智者。

人生的成功并不意味着做什么都要不惜一切代价，不撞南墙不回头，后退也不等于认输，不等于失败。每个人都有自己的短处和力所不能及的事情，都有暂时受挫的时候，我们没必要去较劲，没必要宁死不退。"江东弟子多才俊，卷土重来未可知"，若能忍一时，退一步，东山再起亦可期。

要知道，以退为进是一种难得的智慧，也需要莫大的勇气。放弃一株歪脖树，是为了拥有整片大森林，暂时后退，是为了今后更好地前进。

精工舍是日本的钟表制造厂家，受到二战的影响，原先的市场大部分被素有"钟表王国"之称的瑞士的一些厂家占据，战后的精工舍几乎没有了立足之地。

当时精工舍的总经理服部正次制定了着重于质量的策略，想在质量上赶超钟表王国瑞士，进而夺回失去的市场份额。然而，跟瑞士钟表拼质量，很显然是拿着鸡蛋碰石头的举措。10多年过去了，精工舍钟表的质量虽然有了长足的进步，但还是难以抗衡瑞士表。

这时候，服部正次通过认真分析，认识到不能这样拼下去了，必须另外想办法。经过慎重考虑，服部正次决定放弃以前的策略，在跟瑞士机械表的质量比拼中退一步，转而全力开发新产品。

结果，精工舍成功研制出了石英表，当时瑞士最好的机械表月误差在 100 秒左右，而石英表却不超过 1 秒。精工舍在机械表上的后退，换来了石英表上的巨大优势。这种走时准确的表投放市场之后，在整个世界钟表市场上掀起了一场风暴。

很快，精工舍石英表的销量达到了世界第一，取得了巨大的成功。

以退为进，不是畏缩，不是一味忍让，而是韬光养晦、蓄势待发，是为了赢得更大的胜利，精工舍成功的例子生动地说明了这一点。有一种叫毛竹的植物，在头 5 年里根本不长。然而 5 年一过，便一天一个样，直到长得异常高大。"厚积才能薄发，蓄势以待进"，说的就是这个道理。

蔺相如一而再、再而三地忍让着廉颇，终于使廉颇认识到自己的错误，成就将相和的美谈，使廉颇非常尊重自己，这也是以退为进的策略。所以，我们要学会后退，当然我们不是无原则地后退。人的一生，明确什么时候该后退，什么时候不能后退，是非常重要的。如果在理性分析之后，确定后退能够更好地前进，我们就要采取这种变通战略，只有学会后退，才能更好地前进。也许就在后退的下一秒钟，你就能与成功邂逅。

歪理六：留意角落，出口不一定在光明处

古人都知道明修栈道、暗度陈仓，由此不难看出真正走出人生困境的出口不一定都在光明的地方，所以没事的时候扫扫周围，敲敲石缝，说不定就有惊人的发现。

美国康奈大学的威克教授做了一个有趣的实验：把6只蜜蜂和6只苍蝇装进同一个玻璃瓶中，然后将瓶子平放，让瓶底朝着明亮的窗户。接下来会发生什么情况呢？蜜蜂和苍蝇能够逃出瓶子吗？

你会看到，由于蜜蜂习惯向着光亮的方向飞行，因此他们不停地想在瓶底上找到出口，一直到它们力竭倒毙或饿死；而苍蝇则会在很短的时间里，穿过另一端的瓶口逃逸一空。事实上，正是由于蜜蜂对光明的情有独钟才导致它们的灭亡。而那些苍蝇则不管亮光还是黑暗，只顾四下乱飞，反而误打误撞找到了出口，获得了新生。

其实，人们的认知也常常跟蜜蜂犯一样的错误，总是认为出口的地方一定是光明的。然而就像蜜蜂面对玻璃这种超自然的神秘之物一样，这种出口在明处的定律有时候反而是错误的。在我们追寻成功的路上，我们也不免要在黑暗中摸索，这时候，我们不要一味去光明处寻找出口，也要留意一下角落。

前Google中国区总裁李开复在攻读博士学位时，他的导师是语音识别系统领域里的专家罗杰·瑞迪。当时，人们普遍认为"人工智能"

才是未来的方向，而导师正是这方面的专家，李开复跟他学习，有着很光明的前途。

但是，李开复却觉得用人工智能的办法研究语音识别没有前途。因为人工智能的办法就像让一个婴儿学习，但在计算机领域来说，"婴儿能够长大成人，机器却不能成长"。

于是，李开复没有跟着导师走，而是告诉罗杰·瑞迪，他对"人工智能"失去了信心，要使用统计的方法。导师是个很好的人，他说："我不同意你的看法，但我支持你的方法。"

于是，李开复开始了自己的摸索。他那时候每天工作大约17个小时，一直持续了大约3年半。通过努力，李开复把语音系统的识别率从原来的40%一下子提高到了80%。罗杰·瑞迪惊喜万分，他把这个结果带到国际会议上，一下子引起了全世界语音研究界的轰动。

后来，李开复又将语音识别系统的识别率从80%提高到了96%！直至李开复毕业以后多年，这个系统一直蝉联全美语音识别系统评比冠军。

在人们都认为"人工智能"才是光明的出口的时候，李开复却留意着那个人迹罕至的角落，用统计学的方法找到了更美好的未来。

很多事情就是这样，在成功之前，谁也不知道哪一条路走得通，哪一条路走不通，谁也不知道哪个方向是通向出口的捷径。所以说，光明的地方，未必就一定通向成功，角落里的路，也未必不是终南捷径。

一家生产牙膏的美国公司有一年遇到了经营问题，每个月都维持同样的业绩，迟迟不能突破。公司的领导层非常不满意，董事长为此想了很多办法，但是情况始终没有改善。

后来董事长决定群策群力，于是他召集了全部管理层人员，以商讨对策，解决这个难题。

会议中，人们七嘴八舌，提出了很多办法。有人说，要加大宣传力度，在电视和报纸上做铺天盖地的广告；还有人说，要搞促销活动，提高消费者的忠诚度……

这些意见都被否决了，因为在此之前，董事长已经用过这些办法，并不奏效，公司能想到的几乎全都做了。

此时，有名年轻的经理站起来，对董事长说："我有一个办法，若您使用我的建议，一定能打开局面！"

老板非常开心地说："好，如果你的办法真的有效，我马上签一张10万元的支票奖励你！""老板，我的建议只有一句话，"这位年轻的经理说，"将现有的牙膏开口扩大一毫米！"

老板听完，马上签了一张10万元的支票给他。

其他人都把目光放在自己的公司上，提出了各种措施，以为这就是解决问题的方向。这位聪明的年轻经理却走向了另一个方向寻找出口，在消费者身上"打起了主意"。人们刷牙时，总喜欢按照一定的长度使用牙膏，却很少关心牙膏的直径。他的方法能使消费者每天多用1mm的牙膏，这不起眼的1mm其实是一个巨大的数字，这个办法显然能提高产品的销量。

思路决定出路，当事情无法解决时，我们不妨试着离开原先的方向，换个角度想问题，说不定难题就会迎刃而解，而成功则不期而至。

　　澳大利亚某地有一位农夫，他出巨资买下了一片农场，准备大展宏图。不过，他很快发现，自己面临着一个难题，因为这片地既不适合种农作物也不适合养牲畜，更可悲的是地里还有大量的响尾蛇。他买的这块地，可以说一无是处。

　　怎么办呢？转卖给他人是不可能的，谁也不愿意接受一个不产庄稼、不能养牲畜，却只产毒蛇的农场。

　　经过日思夜想，他终于想出了办法，他没有想着如何消灭毒蛇改良土壤，让这个不合格的农场变成合格农场的样子，而是把目光盯向了农场中大量的响尾蛇身上，他准备把农场变成"养蛇场"。

　　他先找来养蛇专家，培育那些响尾蛇，然后联系药厂，把从响尾蛇身上取下的蛇毒卖给药厂作血清，还把响尾蛇的皮卖给鞋厂及制皮厂，自己还开了工厂，加工并销售蛇肉罐头。很快，他的收入远远超过了那些经营农场的人。

　　故事中的这个农夫，花巨款却买了一块"无用"之地，但是他没有循着传统农场的光明方向前进，而是独辟蹊径，把响尾蛇当做了致富的好项目，终获成功。

　　因此，每一个渴望成功的人都应该开阔自己的视野，拓展自己的思路，学会在角落里寻找自己成功的出口。

第二章　另类思维
——斜线是人生最具创意的灵感

成功重在人脉，只要有人支持你，即便是没希望的事情也可能成为现实。你可以被很多人评点为怪异人物，但只要你发表自己见解的时候，台下仍然还有一片为你欢呼喝彩的掌声，那就说明你的这些言谈都是有意义的。

歪理一：先断后路，然后再找出路

破釜沉舟是有魄力的，自断后路是受人敬重的。人不需后路，但也没必要走死路，至少在我们在做出决断之前，先要提前想好没有后路时能找到的出路。

很多人做事时，总想着要给自己留条后路，进可攻，退可守，这好像是一种比较保险的办法，也是一种比较谨慎的做法，但这种做法常会导致一个人失去进取心。

古人有个说法叫做"置之死地而后生"，也就是说，断掉自己的后路，让自己无路可退，往往可以创造出奇迹。

秦末，为镇压起义军，秦国的30万人马包围了赵国的巨鹿，赵王连夜向楚怀王求救。楚怀王派宋义为上将军、项羽为次将，带领20万人马去救赵国。谁知宋义听说秦军势力强大，走到半路就停了下来，不再前进。项羽杀了宋义，自己当了"假上将军"，带着部队去救赵国。

项羽亲自率领主力过漳河，解救巨鹿。楚军全部渡过漳河以后，项羽让士兵们饱饱地吃了一顿饭，每人再带3天的干粮，把渡河的船凿穿沉入河里，把做饭用的锅砸个粉碎。项羽对将士说："我们'破釜沉舟'，有进无退，三天之内，一定要打退秦军！否则只有饿死在这里！"以此表示他有进无退、一定要夺取胜利的决心。

楚军士兵见主帅的决心这么大，就都不打算再活着回去。结果他们以一当十、以十当百，把秦军打得大败。

在此之前，诸侯们都不看好项羽，都在作壁上观，认为他就是去送死的。结果项羽竟然先断了自己的后路，把自己和士兵们逼入了一个必须拼命地境地，结果爆发了最大的战力，赢得了胜利。

所以，在有必要的时候，我们应该断掉自己的退路，然后以破釜沉舟、一往无前的勇气再找出路。

在某次越野比赛中，有4条通往目的地的路。参赛者中有一个小伙子，一开始，他选择了第一条路。出发前，为防止选错了路导致迷路从而到不了终点，他把一根绳子绑在了自己身上。在这条路上，他一开始就遇到了迷宫，绕来绕去，怎么也走不出来。他怀疑自己选错了路，不过庆幸自己够聪明，"预先留了条后路"。于是，小伙子顺着系在自己身上的绳子跑了回来，重新选择了第二条路。

但是，在走第二条路的开始，他碰到的也是迷宫。这次，小伙子费了很大的劲儿，他终于走出了迷宫。但是，紧接着前面出现了一片森林。小伙子继续前进，没多久，他又怀疑自己走错了，于是，他又顺着绳子回去了，重新选择了第三条路。

第三条路上，他有了前两次的经验，所以很快就通过了第一关的迷宫。出来后，他又一次碰到了那片森林。这次，小伙子决心走过去。可是走出森林后，横在他面前的却是一条大河。小伙子找来找去，也没找到可以过河的桥，他心里不禁犯起嘀咕："这回可完了，三条路都白走了，看来只有第四条路才是正确的。"没办法，他只好又沿着绳子走了回去。

最后一次他没有给自己系绳子，因为他已经无路可选了，只能一直走到底。这次他走过了迷宫和森林，跟第三次一样，他又来到了那条河前面，因为上次已经确定没桥可走，所以他也不用找桥了。

没有渡河的工具，怎么办呢？小伙子索性豁出去了，反正已经没有退路了，他便从河边找来一根木头，抱着木头游到了河对岸。上岸后，那些同时参加比赛的选手们纷纷走过来向他打招呼，原来他们早就到了。

小伙子疑惑地问他们怎么来的，结果，从哪条路上来到终点的都有，原来每一条路都可以到达目的地。小伙子此刻懊恼万分，自己总想着留后路走回去，白白浪费了宝贵的时间。

自断后路，不给自己留下别的念想，就能克服惰性，全力以赴。当一个人看到眼前只有一条路时，便会竭尽全力，发挥自己的全部能力，才有可能完成非常困难的任务。而当你发现自己还有一条后路，便会滋生松懈之感，无法发挥出自己全部的潜力。

这就像烧水一样，99 摄氏度的水只能叫做热水，而不能叫做沸水，只有 100 摄氏度的水才是沸腾的。如果给自己留下一条后路，我们最多只能把水烧到 99 摄氏度，而如果用上留下的那些力量，本来是可以把水烧开的。

1991 年，李慧的丈夫因单位不景气下岗了。当时的李慧没有工作，丈夫有病，孩子还小，全家人吃饭成了难题。为了生活，李慧在一家商场找到了一个卖服装的工作，一天站 8 小时，每月只有 200 元的收入。但李慧很知足，打工的时候，她开始了解服装买卖的生意经，渐渐地，李慧脑子里萌生了自己开办服装裁剪店的想法。

两年之后，李慧觉得不能再这样下去，这样下去永远只能勉强解决温饱。李慧告诉自己，人没有了退路，自然就会往前走，她决定辞职创业。

李慧从朋友那里借来了 5 万元，开始了创业之路。为了租到便宜点的房子，李慧一下子付了整整 3 年的房租，再加上购买设备，当时她手里就仅剩下 500 元了。紧要关头，居委会的王主任出资 3 万元赞助了她，李慧当时激动得哭了起来。就这样，8 万元终于让李慧完成了开店的心愿。

如今李慧的"丹慧服装工作设计室"拥有专业设备 20 余台，占地 300 多平方米，成了一个小有名气的服装品牌。

其实自断后路并不代表你必死无疑，只是为了不让自己有太多的顾虑。"置之死地而后生，投之亡地而后存"，自断后路之后，你将拥有比别人更坚定的决心，因为你不能失败，因为你没有选择。此时，眼前只有一条路，只有全力以赴，才能有柳暗花明的结果。

自断后路的行为，是对自己的一种"逼迫"，人真的被"逼"急了，就能发挥出自身的无穷潜力，没有什么是做不成的。

所以，当你追寻成功的时候，不妨自断后路，排除一切杂念的侵扰，逼自己一次，这样，你就能找到出路。

歪理二：胡思乱想，也能想出好点子

　　大多数创意，都是一个人在经历了几番胡思乱想以后迸发出来的灵感。

这世上最有价值的是人的思维，是你想出的点子。不要怕自己的想法异想天开，不要怕别人说自己是胡思乱想，要知道，有时候，胡思乱想也能想出好点子。只要你有眼光，废物也可以变成宝物！

在美国第 54 届总统选举中，候选人布什与戈尔得票数十分接近。由于佛罗里达州计票程序引起双方的争议，因此最终的票数结果还不能确定，导致新总统迟迟不能产生。原计划发行新千年总统纪念币的美国诺博·斐特勒公司面对总统难产的危机，一筹莫展。

这时候，有位员工灵机一动，提出发行一种不分正反面，一面是小布什的肖像，一面是戈尔的肖像的纪念银币。于是，该公司利用早已经准备好了的布什与戈尔的雕版像发行了4000枚这种特殊的银币。

结果，短短几日，这种订购价79美元的特殊纪念银币就被订购一空，该公司利用总统难产，大赚了一笔。

还有一位名叫弗勒克的商人，因为破了产，就周游世界去散心。有一段时间，他到达了巴拿马运河、亚马孙河以及南美热带雨林。在这些风景秀丽的地方，他的心情大好，郁闷之情一扫而光。

在一个大瀑布下面，他突发奇想，异想天开地想出了一个点子——出卖大自然的"声音"。

说干就干，他马上用立体声录音机录下了小溪、瀑布、河流和雨林的声音，小鸟欢快的叫声，动物们撒欢嬉闹的声音等，然后，复制成录音带，带到美国出售。

结果，这些录音带大受欢迎，他的生意非常火暴。后来，他又在声音之外配上画面，利用海涛声、瀑布声、细雨声和自然风光的图像，发明了"水声风光疗法"，用来治疗人们的生理、心理疾病，改善人们的精神状态。这样，原本破产的弗勒克东山再起，成了大富翁。

一个人能否成功，其实不在于有没有钱和背景，不在于有没有人际关系，最关键的是要有一颗思维活跃的大脑。对于那些自己觉得异想天开的点子、那些不走寻常路的创意，不要轻易地否定和扼杀。很多时候，只要你勇敢地把这些胡思乱想得来的点子付诸行动，说不定你就能迅速地找到成功的窍门。美国得克萨斯州有一家宾客桑斯货运公司。为了扩大自己的知名度，这家公司曾经在广告宣传上煞费苦心，但是效果不佳。因为货运广告这种枯燥无味的内容对于娱乐第一、消费第一的美国平常百姓来说，简直就是对牛弹琴，根本引不起他们的兴趣。

无奈之下，这家公司的负责人找到了新闻界的一位朋友，请他帮忙出谋划策。这位新闻人士说："你们应该打开思路，让广告的内容跟美国人的日常生活联系起来。"

结果，他们想到了普通人最感兴趣的事情之一——结婚。然后，公司在当地一家报纸上关于本地夫妇旅游结婚的报道的上面做了这样一个广告："他们在货车上度蜜月，相爱6万公里。"

这看似胡言乱语的广告登出的第二天，立刻就吸引了人们的眼球。在读者中传开了这样一个话题："谁想出来的歪主意？新婚夫妇在货车上面度蜜月！""还有谁，就是那个宾客桑斯货运公司！这简直是疯狂的想法！"结果，这家公司很快闻名遐迩，提高了知名度。其实，所谓的胡思乱想就是打破常规的思路、异想天开、不走寻找路。从某种意义上说，"胡思乱想"是有头脑的人的专利，思维僵化的人的想法肯定也是中规中矩的。这种不经意的灵机一动中蕴藏着真正的智慧。

胡思乱想是一种创新型的思维，世界巨富比尔·盖茨认为，可持续竞争的唯一优势来自超过竞争对手的创新力！创新力如何体现？那就是想出超出常规的好点子。只有创新思维，只有敢胡思乱想，才能解决生活中不断出现的新问题，才能产生领先别人一步的灵感。

美国史密森尼天文物理研究所曾遇到资金问题。你能想出他们是如何解决的吗？

他们在报纸上打出了这样的广告："您想让您的名字永垂宇宙吗？您想让您爱侣的芳名辉映星空吗？您想让您亲友的英名永驻天际吗？250美元便能使您如愿以偿。"原来，他们把尚未正式命名的25万颗小星星当做了商品！

他们宣传说，任何人只要花250美元就可以得到"星象命名公司"的一张星座图，知道天上哪颗星星属于自己，而且还有一份正式的登记表。

这个胡思乱想的创意成功了，研究所顺利解决了经费问题。

这个点子无疑是非常"雷人"的，然而无疑也是非常成功的。把那些只能看得见却摸不着的星星，甚至看都看不见的星星变成了实实在在的金钱，这不能不说是创新思维的空前胜利。

所以说，不要怕自己的胡思乱想。创造性思维是上天赋予人类最宝贵的财富，我们应该好好利用。不要墨守成规，其实，我们每个人的心中都关着一个等待被释放的思维精灵。把你的胡思乱想勇敢地发掘出来，让它成为伴你成功的灵感吧。

歪理三：逆向思维，反败为胜的法宝

顺着想你是输的，但倒着想你就是赢的，这不是阿Q精神，而是人世间最伟大的逆向推理，只不过少有人会有闲心花心思学习倒着走路。

背水列阵本是兵家大忌，然而正是这种置之死地而后生的做法，才使得士兵们因为无路可逃而拼死抵抗，发挥出了最大的战斗力，反败为胜。不独军事上常用这种逆向思维，商人们也常常用这种方式获得大量的财富。

美国玩具市场竞争十分激烈，各大玩具公司除了竞相推出儿童们喜爱的新型玩具，还大打价格战，这让承受着巨大压力的布里奇玩具公司董事长莱希顿十分烦闷。他是一个不肯服输的人，为了对付其他公司的排挤，他绞尽脑汁。如何在玩具市场上占据一席之地，成为一个非常棘手的问题。

每当莱希顿遇到令人头痛的问题时，他都会到别墅后面的树林里去散步。那里幽静的环境和美景能够使他暂时忘却烦恼。这一天，莱希顿又慢慢地踱到了树林里，但他的脑子里一刻也没有停止思考。这时，他看到路旁的一棵小树下，几个小孩似乎在玩什么东西，好奇心让莱希顿马上跑过去一看究竟。原来，那几个小孩正在玩一种肮脏而且看起来十分丑陋的昆虫，而且，每个人都玩得津津有味的样子。

莱希顿感到十分奇怪，便问其中的一个孩子："你们怎么玩这种又脏又丑的虫子呢？难道你们的爸爸妈妈没有给你们买好看的玩具吗？"

没想到那个小孩回答他："那些商店里卖的玩具都是一个样子，我都玩腻了。这种虫子我从没见过，虽然样子丑一点，可是比家里的那些玩具好玩多了。"

莱希顿突然想出一个点子，他终于找到了反败为胜的法子，那就是逆向思维——生产丑玩具。一个月后，布里奇玩具公司隆重推出了一种新产品，这种产品一改过去造型优美、色彩艳丽的传统，以丑陋、色彩暗淡作为卖点。

因为这种丑陋玩具满足了儿童们的好奇心理和新鲜感，所以很快成为市面上的抢手货。

布里奇玩具公司依靠这种丑玩具在竞争之中稳住了阵脚，并且一一击败了对手，成为玩具业的胜利者。

莱希顿的成功就得益于他的逆向思维。当时，市场上到处都是色彩鲜艳、美观漂亮的玩具，而莱希顿设计的新型玩具却没有向着更美、更好这个方向发展。他把玩具设计得既丑陋，色彩又暗淡，反而受到了孩子的欢迎，在竞争中反败为胜，闯出了一条自己的路。

逆向思维是一种创新，又是一种对传统的反叛。逆向思维往往能在一筹莫展之时找到突破口，从而制造出"山重水复疑无路，柳暗花明又一村"的惊喜。

法拉第得知电能产生磁场后，运用逆向思维，认为磁场也能产生电。为了使这种设想能够实现，他从1821年开始做磁产生电的实验。无数次实验都失败了，但他坚信，自己的想法是正确的。10年后，法拉第成功了，他不仅提出了著名的电磁感应定律，并根据这一定律发明了世界上第一台发电装置。法拉第成功地发现电磁感应定律，是运用逆向思维方法的一次重大胜利。

联想集团创业初期，销售部门负责人想向一位客户推销60台电脑，这可是一笔大生意。但是尽管他用尽了各种办法，客户就是迟迟不答应。于是这位负责人只好请总经理柳传志亲自出马陪他去说服客户。

跟客户见面后，那位负责人还是采用以前的办法，不断介绍公司和产品的优势，弄得客户很不耐烦，就连柳传志都不想听下去了，不得不打断了他。然后柳传志坦诚地向客户指出公司的不足，并指出，正是因为这些不足，公司更注重对客户的服务。结果柳传志这种自曝其短的推销方式，竟然得到对方的认可，很痛快地做成了这单生意。

逆向思维放在用人上，就是缺点逆用法。比如，天一法师有3个弟子。大弟子是个懒汉，屁股一旦落座，一时半会儿你别指望他会站起来。二弟子天生好动，最受不了寺院的清静。三弟子讨厌诵经却喜欢听鸟唱歌。天一法师这样安排：让大弟子司晨钟暮鼓，天天坐堂诵经；让二弟子托钵到山下化缘；交代三弟子寺内遍植林木，让百鸟落巢栖息。

相比常规性的思维方式，逆向思维往往能起到更直接有效的作用。就像飞机起飞的最佳条件是逆风一样。因为，逆风时，飞机只需要比较小的地速就可以达到离地所需的空速，这样就可以缩短飞机的滑跑距离。另外，在逆风的条件下，着陆可以借风的阻力来减小一些飞机的速度，从而使降落更加安全。逆向思维对于解决很多问题来说，也有这样的效果。

逆向思维与常规思维不同，它是反过来思考问题，是用绝大多数人没有想到的思维方式去思考问题，实际上就是以"出奇"去达到"制胜"

的目的。因此，逆向思维在危机之中，就像诸葛亮的空城计一样，常常能成为反败为胜的法宝。

歪理四：走出条条框框，再学着突破

框是自己给自己镶上去的，可镶上去容易，想拿下来必然要经历一场难以理解的纠结。其实突破自我并不困难，把镶上的框拿下来就成。关键是就这么个简单的动作，很多人下不了决心。

每个人的人生都不同程度上受到局限的困扰，而人生的成败往往就在于对局限的突破与否。能走出那些条条框框的纠缠，是人一生中面临的最大问题。

尽管人生局限无处不在，但我们总会找到它的突破口。站得高就会看得远，悟得深就会看得透。人的一生需要不断地攀登，真正走出那些条条框框才能在最终有所成就和突破。每个人都是凡夫俗子，从人本身的特质来说并没有根本的区别。相对于失败者，成功者只是多了一些探究，多了一些认知，多了一份突破自我的执着和矜持。人生也并没有太深的玄奥，敬畏人生其实就是悟透生死，忽略小我其实就是成就大我，看淡名利其实就意味着接近伟大。在人生的名利场上，没有绝对的对错得失，荣与辱也总是在相互转化之中徘徊着。他需要我们不断地挑战自己，把持住方向不断前行才能得到自己想要的东西。

所谓突破局限，就是突破环境和自我；突破自我，在于超越世俗和表面。做人，最重要的是具有内在的力量和高远的追求。信念这东西有时虽然看起来有些虚幻，但它们绝对是我们一生永远的支撑和依托。虽然我们的某一段人生依然看似平凡，但有心之人必然会在平凡中集聚伟大的力量，在无奇中感受属于自己的精彩；虽然我们不一定能使自己成为别人仰慕的对象，但却一样能使自己保持崇高的尊严；虽然我们不一定能拥有雄才大略，但却一样能拥有一颗单纯而圣洁的心灵。当一切的条条框框都不再是一种困惑我们的牵绊，当眼前一切必经的格式都成为一种虚无的青烟，我们眼前的世界就会变得更加开阔，也许经过多年时间的洗礼和阅历的增长，我们已经深刻地明白自己应该有什么、到底要怎样生活、怎样为了心中的梦想穿越层层困境，这就是突破自己的完美开端。

有时候，人们会被条条框框束缚住。这些条条框框可能是自己的视野、习惯、思维模式，可能是约定俗成的规矩，也可能是自己曾经做出的成就，等等，不一而足。但是，如果我们不能超越这些，就会失去前进的能力和动力。要想不断地成功和进步，我们就要走出条条框框，然后再学着思考，开拓新思路。

中央电视台曾做过一个报道，记者问一个陕北的放羊小孩："你为什么要放羊？"

小孩回答："为了挣钱。"

"有了钱，又干什么？"记者又进一步问。

"有了钱娶媳妇。"

"娶了媳妇干什么呢？"

"生孩子。"

"生孩子干什么呢？"

"放羊。"

这个陕北的放羊小男孩的话代表了很多人的思维方式，许多人都被某种条条框框束缚住。比如，不少人甘愿守着一份不多不少的薪水过安逸的日子，却不愿意为了一个突破去冒险、去拼搏。

任何事物都是不断发展变化的，人们在生活中也会遇到许许多多意想不到的问题。面对新问题新情况，我们的思维一定不能固守某种特定的模式，一定要勇于打破习惯，走出条条框框。

1962 年获得诺贝尔生理学、医学奖金的克里克和沃森本来都不是分子生理学家。克里克在物理学界卓有成绩，第二次世界大战期间致力于军事武器的研究。而沃森在大学时学的是生物学，对鸟类学、遗传学兴趣正浓。

他们没有局限于自己的专业领域，而是跳出去，从物理学家薛定谔的《生命是什么》这一著作中得到启示，了解到分子生物学是未被人们开垦的处女地，他们从原来的专业转到了核酸的研究，从而取得了巨大的成就。可见，人具有主观能动性，能够不断地创新变通，从而更加适应这个社会，更容易做出新的成就。

郑先生是某酒厂的推销员，有一次，他去外地参加一个酒类博览会。

当时，他所在的酒厂还没有什么名气，而且因为到会参加展销的酒厂很多，酒的品种也很多，他带去的酒在展厅的一个角落里无人问津。

郑先生很着急，虽然他们厂生产的酒是运用传统工艺精心酿制的佳品，但从包装外观和广告宣传上都很难让经销商认可。在这么多酒中，要打出自己的名气谈何容易。眼看展销会马上就要结束了，郑先生开始琢磨起办法来。

郑先生拿起一瓶酒走到人多的地方，装作不小心，故意把酒瓶掉在了地上。随着酒瓶摔碎的声音，人们的目光被成功地吸引了过来。与此同时，酒的香气也飘了出来，人们都被这浓郁的香气所吸引，纷纷过来询问这是什么酒。郑先生趁机向人们介绍起他们酒厂的产品来。结果就在这次展会上，他接到了大量订单，把酒厂的名气打响了。

正是因为郑先生富有创新的意识，所以能够想出不同寻常的办法，在推销的岗位上做出不俗的成绩。对于很多人来说，僵化的思维方式就是看不见的牢笼，就是束缚着自己思路的条条框框。只有打破这种僵化的思维方式，才能开始创新性思维。

人们常说，思维决定行动，行动养成习惯，习惯形成性格，性格决定命运。可见，一个人的思维方式对他的一生都有着重要影响。除了思维，某些习惯也可能在不知不觉中让我们遵循某个固定的模式行动，从而影响我们做事的结果。

寺里有一个小和尚跟着老师傅学习剃头的技艺。老师傅的技艺十分精湛，传授非常认真，小和尚也很有天分，学得很快。看到小和尚日益进步，人人都把小和尚当成老师傅的接班人。

小和尚做练习的时候是用冬瓜，他能用很短的时间把冬瓜的表皮剃光。不过，他有个习惯，每次剃完冬瓜以后，他总是把剃刀插在冬瓜上，这个动作跟他剃瓜皮一样娴熟。

过了几个月之后，大家都感觉他的技艺能够出师了，于是就有人请他剃头。随着小和尚手中寒光闪闪的剃刀上下翻飞，客人的头发干净利索地掉落下来。围观的人不由得一阵喝彩，小和尚也非常得意。很快，小和尚就完工了，然后，他顺手就把剃刀往客人头上一插……

小和尚的这种习惯其实也是一种条条框框。一个人如果总是按照以前的习惯或者规矩办事，也就失去了创新能力，就像一部机器长了锈一样，就会失去动力。因此，我们无论是对待自己的工作还是生活，要善于打破旧的行为习惯和规矩，用变通的、创新的办法解决问题，这样才能保证我们不断进步。

默多克说："每当我成功攀越一个顶峰时，我都会反复提醒自己要勇敢地再向前迈一步，不能原地踏步、故步自封。"的确，一个人的思路常常决定了他的命运。如果你给自己的定位是个小职员，那么你这辈子就可能很难突破小职员的上限；相反，如果你认为自己这辈子能有大的作为，那么，你就会不断地突破自己，就更容易实现目标，梦想成真。

歪理五：迂回战术，往往是成功的捷径

人做事在于巧，不在于强硬。真正聪明的人不会急着冲锋打头阵，而是想着怎么绕个弯儿，提前达到目的。假如你能让阻碍等你半天却见不到人，那你必然离成功不远了。

在解决问题时，有些人总是采用正面进攻的方法，一味蛮干。这样做虽然不见得都会失败，但有时候却很吃力。其实我们完全可以采用一种比较省力的方式，运用迂回战术，达到轻而易举地获得成功的目的。

瑞士军事家若米尼曾指出，一些伟大军事统帅在战争中取得胜利的秘密就在于，善于"集中他的主力，迂回攻击敌人的一翼"。他确信，如果在战略上采用这一原则，"那就发现了全部战争科学的钥匙"。

公元 1216 年，成吉思汗召见汉族降将郭宝玉，虚心地向他询问攻取中原、一统天下之策。郭宝玉回答："中原势大，不可忽也。西南诸藩，勇悍可用，宜先取之，借以图金，必得志焉。"

郭宝玉的意思就是，直接打不好打的地方，就采用迂回战术。这番论述对"一代天骄"影响很大。于是，成吉思汗在临终之前，以超人的胆识和气魄，提出了利用南宋与金之间的世仇，借道宋境，实施大迂回的战略决策。

后来，蒙古攻打南宋，受阻于襄阳，也是采取了迂回战术才得以突破。他们经青海，下金沙江，攻吐蕃，灭大理，经云南，出湖南，迂回万里，历时数年，最终由成吉思汗的后代窝阔台、拖雷、忽必烈等完成其遗愿。

后世军事专家根据成吉思汗的战略思想，总结出："进攻部队避开敌方整个防御体系，向敌之侧翼或后方实施远距离机动而形成合围态势的大迂回作战行动，是战略追击的最高阶段。"蒙元攻宋几十年，所采用的战术就是"大迂回战略"，对后世的军事战争起着至关重要的影响。

秦朝末年，群雄并起。刘邦的部队首先进入关中，攻进咸阳。势力强大的项羽进入关中后，逼迫刘邦退出关中，刘邦还险些在鸿门宴上丧命。刘邦脱险后，只得率部队退驻汉中。为了麻痹项羽，刘邦退走时，将汉中通往关中的栈道全部烧毁，表示不再返回关中。

公元前206年，一天也没有忘记争夺天下的刘邦已逐步强大起来，他派大将军韩信出兵东征。韩信派士兵去修复已被烧毁的栈道，摆出要从原路杀回的架势。关中守军闻讯，派主力部队在这条路线上的各个关口要塞加紧防范，阻拦汉军进攻。

韩信"明修栈道，暗度陈仓"的计谋奏效，一举打败章邯，平定三秦，为刘邦统一中原迈出了决定性的一步。

《孙子兵法》说："先知迂直之计者胜。"所谓迂直之计，就是要懂得迂与直的思维方式。迂回战术在军事方面应用成熟的同时，也指导着人们思考、行事中新的思维方式。若正面不通，可绕道而行，以避免正面冲突所带来的损失；或者正面方式解决不了，就可以转换方式，从侧面迂回地去解决。

如今人们都讲求"变通"地去经营人生，灵活地去面对各种挑战。不论是一个国家、一个企业，还是一个人，多多少少都会面临挑战和困境，其间也不乏给自己制造障碍的敌人。假如这时候自己本来就势单力薄，还去跟对方硬碰硬，很有可能会面临全军覆没的致命伤害。所谓"迂回战术"，说的就是在很好地保护自己个人利益的情况下，灵便地开动脑筋，绕过对方最强有力的阻击，直接赢取最终的胜利。真正的英雄在于他最终实现了自己的诺言，给了大家一个完美的结果，而并不在于他要怎样流血牺牲把自己伤得头破血流。毕竟在这个世界上想做成一件事情，最重要的还是保存自己的实力，如果无需针锋相对，那么旁敲侧击是再好不过的了。

20 世纪 80 年代初，各国汽车厂商开始大举进攻美国市场，日本实力最雄厚的"丰田"汽车公司也想从美国市场上分一杯羹。但是美国汽车业因国外汽车涌入受到了重创，所以，美国开始出现了关贸保护主义，对外国的汽车厂商持敌对态度。

"丰田"没有直接用价格战或者其他直接的手段进入美国，而是采取了迂回战术。首先"丰田"汽车公司提出与美国汽车公司合资办厂，为美国人提供"丰田"公司的先进技术，美国人当然非常高兴地跟他们合作了。

因为有了美国人的支持，"丰田"公司很快就在美国站稳了脚跟。大批"丰田"汽车开始在美国市场上出现，"丰田"车美观的设计和优良的性能使它在美国大受欢迎。时机成熟之后，"丰田"公司又在美国建立了独资的汽车制造厂，并以此为大本营，一步步拓展其在美国的势力。

美国的汽车公司这才感觉到自己上了"丰田"公司的当，但是此时"丰田"已经成功地打开了美国的大门。"丰田"公司正是采用迂回战术，麻痹了美国人，淡化了竞争，缓解了美国人群起抵制的灾难性影响，从而使自己获得了成功。

真正的成功来源于成功者独到的眼光和智慧，尽管竞争惨烈，但不一定要让自己付出多么惨痛的代价才能换得那个结果。人生只有一次，我们要学会预算成本，生命需要惊涛骇浪，但并不是越惨烈越好，假如可以以很少的代价换得最大化的成功，那不是更好吗？只知道直来直去、不懂得侧面迂回的人，往往都会碰得头破血流，就算最终能够取得成功，也往往劳心费力。我们不妨转换思维方法，直走不通的时候，绕道而行，采用迂回思维，这样就可以迈出困境，取得出奇制胜的效果，获得成功。

歪理六：直路走不通，就试着绕个弯

任何人的身体都不是直肠子，吃完东西就马上出去了。造物主之所以造人的时候制造这么多复杂的弯儿，就是要告诉他们，直路走不通，绕个弯儿也许就成了。

人生如登山，从山脚到山顶往往没有一条直路。为了登上山顶，人们需要避开悬崖峭壁，绕过山涧小溪，绕道而行。这样看似乎与原来的目标背道而驰，可实际上能够到达山顶。

当我们在生活中遇到没有直路可走的情况时，不妨回过头来，找一条弯道，或许，绕过去便可以找到一条新路了。天无绝人之路，我们之所以会往往感到走不通，那是因为我们自己的思路狭隘，缺乏"绕道"的意识。

有这样一个搞笑的问题，说有一头猪，以每小时 80 迈的速度冲出了猪圈，突然撞到了树上死了，为什么？答案是因为猪不会脑筋急转弯。我们不要像这头倒霉的猪一样，不知道转弯。

弗兰克·贝特克是美国著名的推销员，他曾经使一个不近人情的老人捐出了一笔巨款。

有一次，人们为筹建新教会进行募捐活动，有人想去向当地的首富求助。但是一位过去曾找过他却碰了一鼻子灰的人说："到目前为止，我接触过不计其数的人，可是从未见过一个像那老头那样拒人千里之外的。"

这个老富翁的独生子被歹徒杀害了，老人发誓说一定要用余生寻找仇敌，为儿子报仇。可是很长一段时间过去了，他却一点线索也没有找到。伤心之余，老人决定与世隔绝，于是把他跟所有人的联系都切断了。他闭门不出的日子已经持续了接近一年。

弗兰克了解了这些情况之后，自告奋勇要去找那老人试一试。第二天早晨，弗兰克按响了那栋豪宅的门铃。过了很长时间，一位满脸忧伤的老人才出现在大门口。"你是谁？有什么事？"老人问。

"我是您的邻居。您肯让我跟您谈几分钟吗？"弗兰克说，"是有关您儿子的事。""那你进来吧。"老人有些激动。

弗兰克小心翼翼地在老人的书房坐下，提起了话头。

"我理解您此时巨大的痛苦。我也跟您一样，只有一个独生子，他曾经走失过，我们两天多都没有找到他，我可以想象得到您现在有多么悲伤。我知道您一定非常爱您的儿子，我深切同情您的遭遇。为了让我们都记住您的儿子，我想请您以您儿子的名义，为我们新建的教会捐赠一些彩色玻璃窗，在那些美丽的玻璃窗上我们会刻上您儿子的名字，不知您……"

听到弗兰克恭敬而暖心的话语，老人似乎显得有些心动，于是就反问道："做那些窗户大约需要多少钱？""到底需要多少，我也说不清楚，只要您捐赠您乐意捐赠的数目就可以了。"

走的时候，弗兰克怀揣着5000美金的支票，这在当时是一笔惊人的巨款。

为什么别人都碰钉子的事情，弗兰克却能够如愿以偿？弗兰克说了这么一段话："我去找那位老人不是为了他的捐助，我是想让那位老人重新感受到人们的温暖，我想用他儿子唤醒他的爱心。"

弗兰克知道开门见山地直接和富翁谈募捐是行不通的，因此，他就绕了一个弯子，用一种感人方式，得到了富翁的认可，不仅得到了别人梦寐以求的捐助，更使富翁感受到了人间的温暖和关爱，使他走出了心灵的阴霾，这种处世方法是值得我们学习的。

人的一生，有许多事是不以自己的意志为转移的，会遇到很多波折和障碍。理想与现实的距离有时很大，大到即使你付出了全部努力，也不能保证成功。这种情况，我们也应该学会转弯，不要吊死在一棵树上，条条大路通罗马，我们转个弯换条路试试。

幽默小说大师马克·吐温非常热衷于赚钱，这本来是一件无可厚非的事情，然而，他认清自己适合通过写作赚钱却不容易。

马克·吐温在45岁之前，还算是比较本分，就靠着他的一支笔获得了大量的财富，并有了点名气。但他非常迷恋经商活动，结果被骗子钻了空子。

一天，一个叫佩吉的人来跟马克·吐温谈合作的事情。他说自己在从事一项打字机的研究，现在只缺最后一笔实验经费，产品马上就要研制成功了，谁投资，谁受益。一番花言巧语骗取了马克·吐温2000美元。

之后，佩吉从马克·吐温那里拿走一笔又一笔投资，他每次都说："快成功了，只需要最后一笔钱了。"一直等到其他竞争者已把打字机发明出来并投入市场之后，马克·吐温都还没见到产品的影子，这次投资前前后后总共赔了他辛辛苦苦写作赚来的19万美元。

后来，马克·吐温又开办了一家出版公司，并请来30岁的外甥韦伯斯特当公司的经理。马克·吐温自己出版了两本书《哈克贝利·费恩历险记》和《格兰特将军回忆录》，都成了畅销书。

结果，马克·吐温被这两次偶然的胜利搞得昏昏然。然而，公司很快出了状况，他的经理卷起铺盖一走了之了，出版公司倒闭。这一次马克·吐温背上了9.4万美元的债务，他的债权人竟有96个之多。

马克·吐温为了还债，只好走上了老路，开始了巡回演讲、写作还债的日子。3年后，马克·吐温还清了债务。1900 年，马克·吐温一家结束了长达 9 年的流浪生活，返回纽约。

此时，马克·吐温已经完全认识到自己不是经商的材料，要赚钱，自己只能走写作的道路。结果，写作不仅使马克·吐温变成了富翁，还使他成了一名享誉全球的作家。

在我们的生活中，如果直路不通，就需要冷静地思考什么样的道路才是最适合自己的，是不是方向错了？如果错了，是不是应该果断转弯，以选择一条更适合自己发展的道路？

就像农民种地一样，如果一块地不适合种麦子，可以试试种豆子；豆子也长不好的话，可以种瓜果；瓜果也不行的话，撒上些荞麦，也能开花。因为一块地，总有适合它的种子，而天生我才，也一定能找到用武之地。绕个弯，试试别的路，找到合适的那条路，坚定地走下去。

职场应对篇

办公室内外，歪理也是硬道理

第一章　巧胜工作
——职场成功，源于会折腾的歪理

成功，这个充满魅力的词语，令人心驰神往，但它需要的不仅仅是人的聪明才智，更需要人们有顽强的意志和坚强的毅力，以及百折不挠的折腾精神。会折腾的人，才有拼搏的动力；敢于折腾的人，才能见到最终的彩虹。

歪理一：承认错误，才有机会补救

这个世界上不是只有你一个聪明人，有些错误，别人不说不见得真的不知道。没有什么错误不能宽恕，唯独不能宽恕不认错的人。

一个人在前进的途中，难免会出现这样或那样的过错。对一个欲求达到既定目标、走向成功的人来说，正确对待自己过错的态度应当是勇敢地承认错误。

大胆承认错误是痛苦的，一个人再聪明也会有考虑事情不周全的时候，有时再加上情绪或生理状况的影响，难免就会发生这样或那样的错误！

但是我们一定要明白，犯错后千万别急着为自己去辩护、去开脱，因为你这种害怕承担责任的态度会使你在人生的航道上越偏越远。

杰克是一家大型跨国公司的货物经纪人，在一次采购时，他发现自己犯了一个非常大的错误。原来，杰克的公司规定采购员在采购过程中，不能够超支采购他们的配额，如果规定的限额用完了，就不能继续采购商品，只有等到下次配额拨下来，才能进行采购。

这次采购时，他看中了一款日本商贩展示的极其漂亮的新式手提包。身为采购员，杰克心里很清楚，这个包一定会很有市场前景，可此时杰克的账户已经告急了。他非常后悔，之前自己不应该一下子冲动把所有的配额都用完了。现在，他只有两种选择，要么放弃这次机会，要么向公司承认错误，然后请求公司追加采购配额。

最后，杰克决定采取第二种选择，他主动向公司的主管承认了错误。虽然主管对杰克花钱不眨眼的采购方式颇有微词，但他还是被杰克的坦诚给说服了，并且把需要的款项拨给了他。

后来，手提包一上市，果然大受欢迎，卖得极其火暴。而杰克也从账户超支一事汲取了教训，更为重要的是，他意识到这样一点，当你一旦发现自己陷入了事业上的某种误区，怎样爬出来比如何跌进去最终会显得更加重要。

当你不小心犯了某种大的错误，最好的办法是坦率地承认和检讨，并尽可能快地对事情进行补救。

更重要的是错误已经产生了，如果你不承认，势必会让别人给你承担或者大家一起承担你的错误，这样就会影响到你的职业形象。接下来，主管不敢信任你，别的部门的主管也"怕"你三分，同事们更因怕哪天你又犯了错，把责任推得一干二净，于是抵制你，拒绝和你合作。而最重要的是，不敢承认错误会成为一种习惯，也使自己丧失面对错误、解决问题和培养解决问题能力的机会。所以，不认错的弊大于利。

主动承认错误、敢于承认错误，是一种成熟的表现。当你犯错了，你主动承认了错误，上司就会感觉到你内心的惭愧，所以，即使你犯错了，他们也不会不依不饶地批评你。如果你能在犯错之后提出解决的办法，亡羊补牢，上司也不会过于怪罪你，毕竟人人都会犯错。

小韩是一家公司的秘书，上周，老板叫她给一位客户邮寄一些资料，但是由于那段时间事情太多，连连加班，她便忘记了。直到客户打电话过来，她才忽然想起老板曾经交给自己的任务。

她心里很慌，因为老板的脾气很坏，如果让他知道了一定会大发雷霆，一气之下可能会把自己开除。不过，小韩也很明白，既然问题已经出现了，不马上处理，很可能就会越来越严重，所以，她尽量安慰自己静下心来，积极想补救的措施。她想既然已经错过了邮寄的时间，那就与客户沟通一下，看能不能先通过网络传一份相同的电子邮件，让对方先了解一下，同时，再用快递的形式，将资料寄过去。她想好后，就打电话给那位客户，客户虽然有点生气，但是觉得她的态度很好，就同意了她的建议。

之后，小韩又第一时间向老板道歉，她说："老板，对不起，我忘记了给客户邮寄资料。"她态度诚恳，一点没有推卸责任的意思。没想到一向脾气不好的老板竟然没有冲她发火，而是问她："那你准备怎么办？"

秘书说："我想先用邮件的形式发一份资料过去，同时，把资料用快递的形式发过去，这样能节省不少时间。我知道都是我的错，快递的费用我会自己支付。"

老板说："好，这是你的错误，现在就按你的方案解决掉吧！"问题就这样解决了，小韩也因为主动承认错误，并给出了解决方案，而更受器重了。

古人说"亡羊补牢，犹未晚"，你推脱责任、回避问题，不但无法改善现状，所产生的负面影响还会让情况更加恶化。所以，主动承认错误，尽快找出补救的方法，挽回损失，降低错误带来的伤害，才是硬道理。

工作中，犯了错，并不是多么不可饶恕的事情，老板也不希望看到永远不会出错误的员工，那只能证明他们从来不愿意动脑子，缺乏必要的主动性。从某种程度上说，老板是希望员工犯错误的，因为错误是积累经验的过程，是成长和进步的机会。

歪理二：工作不只是为了薪水

工作不仅仅是谋生的手段，你花费一个月的辛勤难道就为数数得来的这小叠红纸有多少张吗？薪水是相对的，本事是绝对的。追着钱跑是暂时的，让钱追着你跑才是未来真正需要落实的。

和一些人聊天，你是否经常听到很多人都说这样的话："别人给我多少钱，我就干多少活。"按照市场交易法则，公平交易，也许这无可厚非，但是，如果放在职场，那这就是一种非常危险的心态，为什么这么说呢？

因为工作量的多少，是永远无法用金钱来衡量的。你永远不可能做到老板支付你 1000 元的工资，你却每天只干 33.33 元工作。因为衡量工作的标准，不仅看速度，还要看质量，同时，还要考虑细节，而这一方面的衡量，还要因人而异。还有，你这个心态，会让老板觉得你是一个对工作不负责任的人，你将会失去很多机会。更重要的是，你这种心态是一种自我设限，如果不赶紧抛弃这种心态的话，你将无法取得进步。不信，你从下面这个真实的故事中将得到答案。

有两位刚从大学毕业的同学结伴来到北京找工作，一起去了一家公司面试，最后两个人都被录用了。对于人生中第一次正式的工作，他们都很有工作激情，都希望能在第一份工作中取得不错的成绩。但是一个月过去了，情况开始有点变化了。

"我们干这么多的工作，还不如我上学时兼职时赚得多呢。"高个子说。

"薪水是低了点，但是以前只能赚点钱，没什么技能可言，还是踏实点吧！"

"工作不就是要点钱吗？"高个子撇嘴说，"我们得换工作！这样下去简直是浪费时间！""刚开始，每个人都是这样的，要走也要学到点东西再走啊！"高个子的同伴说。

接下来的日子，高个子就抱着混的态度，倒也过得悠闲。

"给我多少钱，我就干多少事！他不善待我，也别想我感激他！"一个月又过去了，高个子实在觉得没前途，就拿着工资走了。他的同伴继续留在原来的地方。5年后，他们两个人都参加了班上组织的聚会，他们相遇了。高个子依然和他当年说要走时一样，一脸愤世嫉俗的表情。

"后来，你去了哪里？"高个子的同伴问他。

"天下的老板都像乌鸦一样黑！都要把员工往干处榨！我现在在一家小公司工作，我想，我快干不下去了，我得换一家公司。你呢？现在怎么样？"

"我还在当初那个公司，刚才我去看了下车展，想买辆车！"

"你要买车了？你发财了？"

"我现在已经是那家公司技术部门的经理了。"

高个子瞠目结舌。他以前的同伴接着说："其实，只要你再坚持一个月就好了，事实证明公司的待遇不是很差，前提是我们要有过硬的技术！"

看到了吧！工作不仅仅只是为了薪水，还有你的前途、你的美好的未来。倘若一个人只为薪水而工作，觉得老板给多少工资，就干多少活，最后受害的不是别人，而是他自己。这些人在今日的工作中欺骗了自己，而这种因欺骗蒙受的损失，即便他们日后奋起直追、振作努力也不能赶上。如果在工作中能付出努力，不敷衍了事，不偷懒混日，那么无论他的薪水多么微薄，也终有成功的一日。

老板只支付给你微薄的薪水，你固然可以敷衍塞责加以报复，但是，你要知道，老板给你的工资不高，但你在工作中，给予自己的报酬却是珍贵的经验、优良的训练、才能的表现和品格的建立，这些与金钱相比要高出千万倍。

有些薪水很微薄的人，忽然被提升到重要的职位上，这看起来不可理解，其实，是因为在拿着微薄薪水的时候，他们就在工作中付出了切实的努力，有一种追求尽善尽美的态度，获得了充分的经验，这些便是他们忽然获得晋升的原因。在工作中努力尽职的人，总会有获得晋升的一天。

现在我们来看看，美国著名的企业家查理·斯瓦布先生的故事。

查理·斯瓦布小时候，生活得特别艰苦，只受过短短的几年教育。15岁那年，他就孤身一人到在宾夕法尼亚的一个山村里赶马车谋求生路。那时他的薪水一个月只有1.2美元，拿到现在来算，也就是一个月三四百块钱。这样的起点，恐怕是低得不能再低了，相信当时没有人能想到他会有今日这样的成就。

后来，他找到了一个每周2.5美元报酬的工作。在这期间，他每时每刻都在寻找着新的机会。不久后他成了卡内基钢铁公司的一名工人，日薪1美元。做了没多久，他升为技师，接着升任总工程师。过了5年，他便兼任卡内基钢铁公司的总经理。到了39岁，他一跃升为全美钢铁公司的总经理。

查理·斯瓦布在总结自己的秘诀时说："我从不计较薪水，我拼命地工作，我要使我的工作价值远超于我的薪水之上。"

查理·斯瓦布惊人的成长履历告诉了我们一个道理：永远不要计较薪水。是的，当你计较薪水的时候，很可能就会失去本该属于你的美好未来。

不管你的工作是如何的卑微，始终要明白，工作不仅仅只是为了薪水。当你为工作付出了十二分的热忱的时候，你就能获得工作的喜悦。你对工作投入的热情越多，决心越大，工作效率就越高，得到的回报自然也会越多。当你抱有这样的热情时，上班就不再是一件苦差事，工作就变成一种乐趣，就会有许多人愿意聘请你来做你所喜欢的事。

歪理三：方向反了，跑得再快也没有用

就算地球是圆的，只要方向错了，跑得多快也都是没用。别人两三步能走到的地方，你就算长着两条飞毛腿也是不一定比他快的。

在生活中，常常会出现这样的事，有些人还没有搞清方向，就糊里糊涂地跟着别人开始跑，比如投资或者就业。他们跑了一阵子以后回头一看，方向搞错了，距离目标越来越远。这时冷静地一想，跑了半天还不如不跑，至少还在原地不动；而那些跑得快的人，就离正确的目标更远了。

有一个企业家，他答应别人要做一次演讲。

这天，企业家的妻子出去买东西了，只有他和他的儿子在家里。他本想好好在家里准备一下他的演讲材料，可是儿子却吵闹不休，让人觉得很烦躁。

为了让儿子能够安静下来，企业家想了一个办法，他从桌上拿起一本旧杂志，一页一页地翻阅，直到翻到一幅色彩鲜艳的大图画——一幅世界地图。这时，他从杂志上撕下了这一页，然后再将它撕成了碎片。他将碎片放在了儿子的面前，说道："小约翰，如果你能拼拢这张世界地图，我就给你一块钱。"企业家说完后就放心地去准备自己的演讲了，他以为这件事会使小约翰一上午都非常安静。

可是，不到10分钟他的儿子就来敲他的房门了。企业家惊讶地看着儿子拼好的世界地图，他问道："孩子，你是怎么做得这样快的呢？"

小约翰说："这太容易了，地图的背面有一个人的照片，我就把这个人的照片拼到一起，然后把它翻过来就行了。如果这个人拼对了，那么地图也就拼对了。"

企业家非常高兴，他给了儿子一块钱，而且对儿子说："你找到了正确的方向，我也知道明天的演讲该怎么讲了。"

企业家的儿子虽然年纪小，但是他给企业家上了生动的一课。他做事的方向和企业家完全不同，虽然目标都是一张世界地图，但是企业家的儿子发现了一条捷径。正确的方向让他不仅完成了任务，而且效率还很高。

的确如此，方向反了，跑得再快有什么用？没有了方向，速度就失去了意义，方向永远比速度更重要。那些做事效率高的人，往往都善于把握方向。无论他们做什么事情，都是确定了正确的方向才开始行动的。如果方向不明确，一味地蛮干，是绝不会获取成功的。

其实，在我们的工作中也会经常出现类似的事情。有的人在工作中能创造出很高的效率，而有的人忙忙碌碌，最终却一事无成。这两者的区别关键在于有没有注意到所做工作的方向性，是把自己的精力用在了正确的方向上，还是一直在做无用功。

18 世纪的时候，欧洲探险家发现了一块"新大陆"——澳大利亚。英国派弗林达斯船长带船队开足马力驶向澳大利亚，为的是抢先占领这块宝地。与此同时，法国的拿破仑也想成为澳大利亚的主人，他派了阿梅兰船长驾驶三桅船前往澳大利亚。

于是，英国和法国就展开了一场赛跑。阿梅兰船长驾驶三桅船率先到达了，他们占领了澳大利亚的维多利亚，并将该地命名为"拿破仑领地"。随后几天，他们都没有看到英国的船队到达，因此他们以为大功告成，便放松了警惕。他们在休息的时候，突然发现当地有一种十分奇特的蝴蝶，这种蝴蝶非常好看，而且十分稀有。为了捕捉这种蝴蝶，他们全体出动，一直纵深追入澳大利亚腹地。

就在法国人全力追逐蝴蝶的时候，英国人也来到了这里。他们看见了法国人的船只和营地，以为法国人已经占领了此地，船员们顿时都异常沮丧，可后来仔细一看，却发现没有一个法国人，于是，船长命令手下人安营扎寨，并迅速给英国首相报去喜讯。

最后，在法国人兴高采烈地带着蝴蝶回来时，维多利亚已经成了英国人的战利品，这块土地足足有英国领土那么大。看着曾经属于自己的东西牢牢地掌握在英国人的手中，法国人真是无尽地悔恨。

两国船队的方向开始都是澳大利亚。法国人虽然提前到达了目的地，但是他们没有继续沿着原有的方向前进，因为几只蝴蝶就偏离了方向，没有保住自己的劳动成果，结果导致功亏一篑，前功尽弃。

很多失败的教训告诉我们，不论是学习，还是工作，都必须注意方向的问题。这样不仅节省时间，同时也有成效，从而避免忙忙碌碌而又毫无作为。我们可以经常地提醒自己，我们的目标在哪里，我们目前是否正在向它前进。

我们的人生之路，就像是一次旅行，前进的速度可以调节，但首先要明确方向。大多数人只是在匆匆地赶路，不考虑方向的问题，结果去了一些根本不值得去的地方。

歪理四：追求多一点，希望就会大一些

人世间最伟大的成果都源自于某人对他所在领域的一种

"追求"。倘若目标不到位，希望也必然不会如约而至的……

曾有这样一个测试："有座价值亿万的花园别墅，里面风景优美，令人赏心悦目，你想不想要？"有人回答说："我想要。"但另外一些人却默默无语，因为他们觉得这是可望而不可即的事情。其实，如果你现在没有成功、没有地位、没有财富，这都无关紧要。只要你有足够的追求，并有把追求贯彻到底的智慧、毅力和勤奋，那么你站在金字塔塔顶的时刻便会指日可待了。

一个出生于美国贫民窟，从小就艰难度日的孩子，日后竟成了身价数亿的财富大亨。这并非天方夜谭，而是发生在你我身边真实的故事。

他很小就跟随母亲一起出入社会，学着养活自己，也正因为这样的生活环境，磨炼了他坚强的意志。在阅读世间冷暖的时候，他就发誓一定要出人头地，摆脱这样苦难的生活。而一个孩子对生活的"野心"，也就是在那时开始萌发的。

某次大型公司招聘，面试官按照惯例地询问："你来我们公司最想干些什么？"

只听一声响亮的回答："我最想做的，就是早日坐上你现在的位子。"

值得庆幸的是，他的野心并没有被扼杀在摇篮中，恰好被经理所看中。进入公司后，他大胆工作，不顾一切地向前冲。公司的营业额一路飙升，成为业内的领军企业。这就是敢用有"野心"的人物所产生的巨大经济效应。而这个"穷孩子"也从此真正改变了自己的生活。他就是著名的纸业大王肯尼亚。

人不是天生就会成功，就会拥有财富。在成功之前，大多数人都很普通，过着平庸的生活。但一个人是否能够成功，关键就在于"追求"的大小。

英国著名作家培根有过这样一个绝妙的比喻："野心如同人体中的胆汁，是一种促人奋发行动的体液；而没有野心的武将，也就如同没有鞭策的马，是跑不快的。"这不是一种为达目的不择手段的权术伎俩，也不是不切实际的空想妄求，它是深深扎根在理想中的一种抱负、一种追求。

成功源于欲望，当"我一定要……"变得十分强烈时，成功通常都能够不请自来，因此，我们要给自己加点成功的欲望。

王丽是一个大学的教授，可她却在自己的教学工作干得有声有色时，毅然辞去了这份工作，因为她意识到自己已经到达了一定的极限。

于是，她到北京去开了一所幼儿园。由于经营有方，教育得体，她又总是能够给幼教增加一些新点子，幼儿园非常受欢迎。

陈芳是王丽曾经的同事，自从进入大学成为讲师之后，她就一直没有什么变化。因为她从来不妄想有起色，她也不喜欢发现变化。当初王丽辞职时，陈芳是非常反对的，认为这样瞎折腾，为了虚无缥缈的事物丢了自己的铁饭碗，实在太不值得了。

可是看到王丽风风火火的生活方式，陈芳忽然感觉到自己有一点消沉的气息，尽管她没有任何悲观的念头。

成功者之所以成功，是因为他们一定要成功。我们虽然不主张人们都来复制这些成功者激情澎湃式的成功模式，但是，我们一定要在自己设置的成功模式上有所作为，从这个角度上说，任何人都有必要为自己加一点成功的欲望。

科学研究表明，人的天赋存在差异，但差异很小，之所以不同，更多的则是对成功的渴望以及努力程度。可以说，一个人只要有成功的欲望，他就有可能成功。

歪理五：三分钟的热度要不得

职业激情需要的是持之以恒的延续热量，倘若你的热度只有3分钟，成功必然连一个希望的火星都不会留给你。

有很多职场上的年轻人，常常会有这样的想法："我刚刚进入一家企业的时候，也是一腔热血，想要作出一番业绩，但是过了一段时间，我就感觉没有什么意思了，因此工作也就失去了热情。"

这样的情况是许多在职场上的年轻人都有过的。初入职场的时候，他们都是抱着强烈的热情，可是新鲜劲一过，对工作就会产生一定的抵触情绪。这样又怎么能在职场上好好地生存呢？

韩勇从小到大的志愿总是在不停地改变。在小学时，他想成为一位歌唱家，每天早晨起来，就开始练声。只是后来，他发现成为一个歌唱家是很难的，于是就放弃了。

初中时，英文老师年轻又美丽，激发了他学英文的兴趣，于是他想成为一位外交官。但随着越来越多的单词和短语要掌握，他就没有耐心坚持下去了，后来就连英文发音都变得有那么一点汉语味，更别说搞懂似乎永无止境的时态变化了。

等到高中的时候，韩勇又突然想当人民教师，后来，又想开一间位于海边的浪漫咖啡厅，再后来是正义化身的律师，还有画家、运动员、医生等各行各业，他全在脑子里从事了一遍。

上了大学以后，韩勇被一堆科系搞得眼花缭乱。最开始他选择了物理系，但发现一堆方程式和原版书真是要了他的命。接着他转到了商学院，但又觉得枯燥乏味。

最后，他决定休学工作了，因为他觉得在学校学的是一堆没有用的知识，还不如早点步入社会，早点赚钱养活自己比较实际。韩勇的工作是换过一个又一个。上班要看老板脸色，同事又难相处。服务业要看客人脸色，赚的又不是自己的，不如自己做老板。自己当了老板后，才发现生意难做，要管的事情又多又烦琐。没过多久，他发现当老板一点都不容易。于是，他又将店铺转让给别人，草草结束了经营。

如今，韩勇已经30岁了，每每回想自己的过去，发现"坚持"一直都是自己所欠缺的。他对于任何事情总是仅仅保持着三分钟热度，遇到困难就退缩，因此，才会到现在还一事无成。

是的，三分钟热度，不管是在职场上，还是生活中，都将让你没有任何作为。我们需要拒绝和改变这种三分钟的态度，这需要我们试着一次只做一件事，并专注于这件事，直到你完成阶段性的目标为止。

对于很多以"兴趣"为主的懒人来说，"一次只做一件事"似乎觉得很难，因为他们通常都有着率性而为的习惯。很多时候，他们想到什么事就做什么事，从来不会衡量孰轻孰重。于是，只要在做这事的过程中，遇到任何阻碍，或是需要花费大量的时间，他们就会立刻懒惰起来。有些人甚至会干脆放弃，另外找一个"更有兴趣"的事情去重新开始。

我们必须了解，所谓的"一次只做一件事"并不是指"每次只能做一件事"，而是坚持且专心地做一件事。

李新在大二的时候，到中科院一家公司兼职，他第一次看见了计算机。凭着自己的观察和判断，李新放弃了原来的物理学专业，开始了攻读第二专业——光纤通信。

他用短短半年的时间，完成了别人4年的课程，而且还要考研。在同学看来，他这么努力，很可能最后只能是徒劳。可是考试结果出来后，所有人都大跌眼镜。在中国人民大学的研究生考试中，李新获得了光纤通信第一名。

李新并没有过多的欢喜，因为在大学前3年里，他从来没有获得过"三好学生"，即使是专业第一，在人大的出国名单上，李新的名字还是被删除了。

面对打击，他没有放弃。他四处打听消息，发现北京这一年一共分到76个出国名额。李新心想其他学校肯定有一些名额用不上，这样一想，李新看到了希望。他找来每一所大学的联系方式，询问是否可以得到他们多余的出国留学名额。

李新终于证明了自己的想法，他在北京邮电大学找到了空缺的出国名额。他亲自跑到那所大学。也许是被李新的真诚所感动了，那位负责的老师很快就把他的档案从人大调了过来。事情又向前迈进了一步，成功似乎就在前方，可意外又考验着这个年轻人的毅力。虽然在北邮得到了出国的名额，但是已经错过了报给教育部的期限，需要自己把材料交上去。

李新拿着介绍信，去找教育部出国司的领导。就这样，李新获得了去美国读研究生的机会。毕业后，他又在美国读博士继续深造。

对事情抱着三分钟的热度的人永远无法成功，因为成功不是一蹴而就的，成功需要一个艰苦奋斗的过程。真正成功的人是能坚持到最后的人。

每一个成功的人不一定聪明过人，但都是在很多人放弃的时候能继续坚持的人。

歪理六：工作不嫌事情小

人这辈子从会爬到会跑是一个过程，每一个环节都不是小事。倘若谁一出生就能拔腿开跑必然是人间一大奇景。这个世界上大事不好做，小事做好也不容易。别轻看了自己手里的每一件事，这样必然会在人生舞台上找到属于你的位置。

工作中，我们经常会听到这样的声音："老板也真是的，总是让我做些芝麻大的小事，我又不是来打杂的。"很多年轻人认为，工作上的小事不会影响到自己的职业生涯，自己也不该把精力放在这些小事上，而应该放在那些重要的事情上。

然而，究竟什么事情才能算得上是"重要的事情"呢？其实，每个人的一生都是由一件件小事构成的，而一个人的工作态度，正体现在这些小事上。任何一件小事你都不能敷衍应付或轻视懈怠，特别是那些刚进职场的年轻人，很少被立即委以重任，往往就是做一些琐碎的工作。但是我们要明白，我们不应该嫌事小而不做，更不能因此敷衍了事。

杰克经常委托在东京一家贸易公司的小姐为他购买来往东京与大阪间的火车票。几次下来，杰克发现，自己每次去大阪时，座位都是在右窗口，而返回东京时，座位就在左窗口。这让杰克感觉很奇怪，便去询问帮他买票的小姐。

小姐笑答道："当你坐火车去大阪时，如果坐在右边，就可以观赏到富士山美丽的景色。而返回时，富士山已经在你的左边，所以，我就给你买靠在左窗口的车票。"

小姐的这番话，让杰克大吃一惊，他没有想到一件如此小的事情，人家竟然能想得如此周到。从那以后，他将与这家日本公司的贸易额由 300 万美元提高到 1000 万美元。他认为，这家公司的职员连这么一件细小的事情都能想得这么周到，那么跟他们做生意还有什么不放心的呢。

117

不要认为小事太小，而不值得做，很多大事都是由小事积累完成的。更何况，一个人连小事都做不好，又怎么能做大事呢？海尔总裁张瑞敏说："只有把每一件简单的事情做好，才能变得不平凡。"正是有这份认识，海尔才能越做越大，从一个濒临倒闭的冰箱小厂，最终发展成为驰名全球的家电品牌。

那是一个正在下着大雨的午后，一个穿着十分朴素的老太太步履蹒跚地挪进了费城百货公司。她身上全是雨水，从进百货公司的那一刻起，几乎所有的营业员都对她爱答不理，甚至避而远之。

"太太，您需要什么帮助吗？"正在这时，一位年轻的营业员笑容可掬地向她走了过来，并亲切地问候道。

"谢谢，不用了，我在这里躲一会儿雨就走。"老人话刚说出口，就觉得有些不安，心想不买东西，光在人家屋子里避雨，似乎有点不近人情。她准备用10美分在这里买一个小饰品，于是就开始在店里转起来。

这时，那位年轻人搬了把椅子，站在她的身边毕恭毕敬地说："太太，您别不好意思，您坐在门口休息就是了。"雨没下多久，就停了。老妇人向年轻人道谢，又向他要了张名片，这才缓缓地走出了商店。

这只是一件很小的事情，所以年轻人并没放在心上。如果不是后来发生的一切，可能所有的人都会永远把这件事忘记。

一晃几个月过去了，一天，费城百货公司总经理詹姆斯接到一个电话，电话里请求他让一位年轻的营业员前往苏格兰收取数家跨国公司下两个财政年度办公用品的所有采购订单。詹姆斯惊喜万分，匆匆一算，这一项的收入就相当于公司两年的利润总和！

原来，打电话过来的是钢铁大王卡内基的秘书，而那位避雨的老太太就是卡内基的母亲。当那位售货员前往苏格兰的时候，他已经成了这家百货公司的合伙人。那年，他才22岁。随后的几年，他以其过人的认真与细心获得了卡内基的赏识，并且成为卡内基最得力的左膀右臂，成了美国钢铁行业仅次于卡内基的富可敌国的重量级人物。

一位普通得不能再普通的年轻人，一下子从一个营业员成为公司的合伙人，又在卡内基的麾下迅速发迹。如果用一个词来形容他的成长史，那就是"一步登天"。但这仅仅只是巧合吗？当然不是。那位年轻人并没有一双把人看透的"火眼金睛"，他只是凭着一股"进门就是客"的认真劲儿，让他的成功成为必然。

很多时候，成功是来自小事，是来自那些细节的。试想一下，倘若一个人看到事情小就嫌弃，眼里只盯着那些大事，必然会丢失掉很多机会。

所以，我们还是认真地对待那些小事吧！当你认真对待这些小事的时候，你会发现，你能从中学习到很多有用的东西，也许正是这些东西会让你更加容易处理那些大事。

第二章　歪揽人脉
——找到志同道合的歪理同盟

成功重在人脉，只要有人支持你，即便是没希望的事情也可能成为现实。人生在世，单挑的不是英雄，以一当十也不过是凭借一己之力，要想在大环境中不至于吃亏，找到自己的同盟军必然是最重要的事。

歪理一：别拆别人的台，也许你就在台下

在这个世界上很多人都是站在一个台面上的，几个人搭帮这台戏才能唱下去。然而并不是所有人都明白这个道理，有的人经常绞尽脑汁去争主角，谁当了主角就会被他干掉，结果他把所有人都干掉了，自己这台戏也就跟着彻底地没戏了。

《红楼梦》中有这样一句话："身后有余忘缩手，眼前无路想回头。"意思是说当人们风光无限时，常常会忘记给自己留有余地，等到事情发展到困境，才后悔当初没有做出更多打算。为他人留余地，也是为自己

留余地。

人生在世，万不可使某一事物沿着某一固定的方向发展到极端，而应时刻注意给未来保留一点空间，以便有足够的条件和回旋余地采取机动的应对措施。留余地，就是不把事情做绝，不把事情做到极点，于情不偏激，于理不过头。这样，才会使自己在未来的发展中保持最稳妥的状态。

曾国藩在待人接物上，总是能为对方留出一点余地。对身居高位的曾国藩来说，在他周围趋炎附势之人一定不会少，然而，就是对于他们，他也依然保持接纳和礼遇态度。

当时，许多人曾对曾国藩的举动感到不解，其中有一个叫李鸿裔的年轻人，多次向曾国藩谏言，应该与这样的人保持距离，但曾国藩的态度却依然如故，并不多加解释。

一天，李鸿裔在曾国藩的文案上看到一名大儒写的一篇文章《不动心说》。文中写了一些标榜自己清高的文字。李鸿裔为了讥讽这个言过其实的大儒，信笔在文章后面题道："二八佳人侧，红蓝大顶旁，知心都不动，只想见中堂。"然后就离开了。

当天晚上，曾国藩看到李鸿裔的题字，立刻命人将李鸿裔叫来，说道："虽然这些人大多数都是欺世盗名之徒，言行不能坦白如一，但他们之所以能获得丰厚待遇，所凭借的正是这些虚名。你一定要揭露他们，最后会使他们失去衣食来源，他们对你的仇恨，就不是几句话能够化解得了，你这不是自取祸端吗？"

李鸿裔听到之后，终于明白了曾国藩这样做的意图，从此之后便开始注重个人的"内敛"，凡事学会给他人留有余地。

待人宽厚是一种美德，更是一种博大的胸怀，是一种不拘小节的潇洒。凡事给自己和别人留有一些余地，也给自己和别人日后留一条退路，过多去"刁难"别人，只会给自己日后留下更多"对手"，我们又何苦要做这样损人而不利己的事情呢？

当我们对事情无法全面预料时，时刻给自己留一条后路，才是较为妥当的做法。职场中，许多人为了谋求个人利益，在人背后放暗箭，中伤他人，甚至在别人处于逆境时落井下石，但是他们不知道自己在伤害别人的同时，也破坏了自己的人脉。一个人无论多么成功，都不能担保自己将来没有倒霉的时候，没有人脉的帮助，还有谁会向你伸出援助之手？

他是一位从美国留学回来的硕士，学历非常高，个人能力非常强，口才极佳，业务也非常出众，在公司里是个锋芒人物，可是公司的同事却没有一个人喜欢他，这究竟是什么原因呢？

原来，每当他听到其他同事提出一些不成熟的企划案或是不小心做了错事，影响了他的工作时，他总会毫不客气地破口大骂。在他的观念里，大家都是为了工作，他这样做没有什么不对，更何况这些事大多是别人有误在先。

可是他这样的做法，却让自己成了同事中的"孤立鸟"，没过多久，因为他不能有效融到这个团队，他就被辞退了。一直到他离职前，他仍然还在不断问自己："难道我的观点错了吗？难道我发脾气是没有道理的吗？"

被誉为"飞人"的迈克尔·乔丹就深谙这一道理。他个人球技出众，但从来不会咄咄逼人，他总是想方设法为队友创造更多进球机会，从没有一味想着让自己独领风骚，享尽光荣。

因此，尽管职业生涯前期的乔丹曾创造过单场进球的最高纪录，但仍然只能算半个球星，后期的他才算得上是 NBA 中真正的领袖。

爱较劲的人总是认为若是赢，就要赢得全面、赢得彻底。处处想胜人一筹，哪怕是琐碎的事情，他都要赢得风风光光。这样势必会让他身边的人感到他的自私，最终会纷纷选择离开他。

俗话说："利不可赚尽，福不可享尽，势不可用尽。"就是说，在做事的时候，给他人留点余地，不要一味去拆别人的台。无论在什么情况下，都不能把别人推向绝路，置人于死地，这样对彼此都有好处。

气球留有空间，就不会爆炸；杯子留有空间，就不会因为加进其他液体而溢出；人在说话、办事时留有余地，就不会因为"意外"而让双方下不了台。凡事都有意外情形，留有余地，就是为了容纳这些意外，因为能对这些意外情形进行考虑和处理，才会对长远发展做出最好的把控。

学会给别人留下一定施展的舞台，凡事都要留有余地，使自己行不至于绝处，言不至于极端，有进有退，收放自如，这样才能在日后机智灵活地处理事务，解决各种各样复杂多变的问题。

歪理二：道虽不同，也可与之谋

正因为道不同才需要彼此联系，假如结交的都是同路人，万一遇到一个十字路口连个可靠的对比参考对象都没有，更别提谁能给你出个主意、指条明路了。

《论语·卫灵公》里有这样一句话，说："道不同，不相为谋。"人们解释为没有共同的目标，就不属同一阶级，没有共同话题，就应该井水不犯河水，明确划分出彼此界限。如果我们身处在孔子的时代，为自己利益集团说话，是情有可原的，也是可以为人们所接受的，但是处在如今这个多元文化融合、开放开明的社会，如果还抱着这样的观点，那只能说明你的思想过于狭隘、过于禁锢了。

同一天地，可以容纳不同的山，同一座山可以容纳不同的树木，同一棵大树可以容纳不同的鸟。现在的社会是多元化的社会，不要以为与你不是同一条道路上的人，对方的知识就对自己没有任何用处。也许对方不经意间的只言片语就能激发出你的无限灵感，同时，如果你总抱着这样"果决"的心态与人交往，那你的人生注定会失去很多应有的朋友。

李伟和吴鑫同在一家出版社工作，他们入社的时间差不多，实力也都相当，两人一直在暗地里视对方为竞争对手，彼此很少交流，甚至还会明争暗斗。在竞争编辑部主任一职时，吴鑫略胜一筹，最终顺利升迁。

李伟担心吴鑫以后会在工作中对自己不利，不再给自己发展机会，于是决定申请调离编辑部。然而就在此时，李伟却收到吴鑫的通知，要他负责社里一个重大选题，并被任命为主编。

面对同事的质疑，吴鑫坦然笑了笑："虽然他与我是竞争对手，但我不得不承认他能力非常强。如果关系处理好，我们会成为很好的搭档，他会成为我的得力助手。而且如果我不任命他为主编，那部门内很容易分割成以他和我为首的两大帮派，这样的话，以后工作还怎么开展？我的目的是让部门发展壮大起来，取得更大的成绩，而不是打击我的对手。要知道，少一个劲敌就等于多一份强援。"

李伟对吴鑫的做法心服口服，忠心相助，两人联手把编辑部的工作搞得热火朝天。

在一个单位里，因为每一个人出生环境、接受教育背景、人际关系等诸多因素的不同，"道"不同是十分正常的事情。但是大家既然有缘相聚，就应该更多谋求彼此的合作，而不是一直在意相互的冲突，彼此互相学习，取长补短，就算"道"不同也不会对工作产生什么影响。常言道"寸有所长，尺有所短"，倘若我们能把握和善用这些所谓的"短"处，无形中将会提升自己的境界和团队工作绩效。

著名作家威尔逊写出的小说内容丰富，就好像他什么都懂。其实，他所懂得这些知识，基本上都是从不同行业人士那里学来的。比如他写的一本叫做《野狗天堂》的小说，主要就是因为他在一次聚会上，认识了生物学家古斯，他从古斯先生那里了解到非洲玛拉山区野狗的生活状况。他还亲自登门向古斯先生请教，掌握了大量非洲玛拉山区野狗的知识，这样，他的《野狗天堂》就写得真实而生动，最终获得了年度小说特等奖。

人生于世，是难免要与形形色色的人打交道的。千万别以"道不同，不相为谋"为理由，拒绝与所有人接触。和不同的人交往，并且从他们的口中获得更多的知识，这样的话，你就可以成为一个十分博学的人，这对你的人生轨迹也会有着极其大的裨益作用！

"道不同，不相为谋"，可以说这就是一些人为了企图排斥别人而给自己寻找的借口。这些人可能有些傲慢，甚至有些固执，对外行人给自己的意见嗤之以鼻，对于内行人的行为也会不屑一顾。然而把一切都归结于是道的问题，展示出来的却是他狭隘的性格与无法装下快乐的心灵。学会宽容一些，学会接纳，才能让自己的人生之路越来越宽。

现在，那些爱说"道不同，不相为谋"的人是不是该好好反省一下呢？千万不要再被"道不同，不相为谋"这样的话框住自己，要打开自己的思路，这样才能让自己在交际中得到更多有用且有价值的东西。

歪理三：小人物也会成为你的大福星

如果说人生是一部大戏，那么大多数人扮演的都是群众演员。尽管谁都没能记住他们，但他们走的场子说不定比当主角的都多。这个世界没有谁对谁是不重要的，即便小人物也有一语重千金的时候。

我们大多数人都是普通人，都会有这样的生活经验，自己很难接触到所谓的大人物，并且就算认识了那些地位尊崇、高高在上的人，也未必能对自己的生活产生什么样的帮助。其实，一般能真诚帮你的人，往往是与自己一样的普通人。既然能认识到他们的重要，那就学会善待自己周围的这些"小人物"，也许在未来的某一天他们就会成为自己的"大福星"。

一只小蚂蚁到河边喝水，不小心掉到水中。它用尽全身力气也游不到岸边，只好绝望地在河水中打转。

此时，一只正在河边觅食的大鸟看到了这一幕，非常同情它，便衔起一根小树枝扔到它旁边。小蚂蚁挣扎着爬上了树枝，摆脱了险境，回到了岸上。就在小蚂蚁在河边晒干身上的水时，突然听到了猎人的脚步声，他拿着枪正想要射杀那只大鸟。

在危急关头，小蚂蚁迅速钻进猎人的裤管，在他扣动扳机的瞬间，咬了他一口。猎人感到疼痛，一分神，子弹打偏了。大鸟被枪声惊起，飞向远方。

人们都喜欢往上看，希望能够得到贵人提携帮助，其实在很多时候，那些身边的小人物也可以成为你的贵人，并且像故事中的蚂蚁对大鸟一样，在你最危难的时候，拉你一把，就可以让你解脱困境。

有智慧的人往往会更加注意那些小人物，小人物普通平凡，如果你主动去跟他们交往，很快就会成为好朋友。相反，你想结识一个大人物，人家也许会觉得你有什么需要他帮助的，觉得你是在刻意巴结，让别人从心里看不起你。

俗话说，"十年河东，十年河西"，谁能知道那些小人物在将来会不会成功呢？一旦朋友飞黄腾达，你的运气也就来了。从某种意义上说，朋友成功也就意味着你成功。其实，小人物和大人物是没有什么区别的，在自己面临困难的时候，能够提供帮助的人，都应成为我们结交的对象。说不定这些小人物，比那些徒有虚名的大人物还会有更大的作用。

杨伟现在已经是一名非常出色的律师，正是因为一名小人物的帮助，才让他有今天的成就。

杨伟大学毕业后，进入一家律师事务所工作，成了一名律师。但很快他就发现自己处境很不妙：由于没有经验，他无法把法律文书写得精彩，也不知道该如何和当事人沟通。在这里的每个人都忙着自己的事，没人愿意帮助他，指导他……

一天晚上快到凌晨时，他依然一个人在加班，突然大嗓门的保安没敲门就闯了进来："你怎么还不走！快点快点，巡完楼层我还得睡觉呢！"

年轻的律师很生气："我在加班，你没看到吗？你以为我喜欢这样加班啊。"他越说越激动，竟然把自己的委屈全说了出来。保安看了他一眼，没说话就出去了。

过了几天，他乘电梯时遇到了经理，而那个保安也在电梯里。保安看了他一眼，突然转过脸，无所顾忌地对经理说："怎么搞的，我怎么总碰见这个小伙子在深夜加班啊！你干吗不找个熟手带带他，让他自己瞎琢磨有什么用啊！"年轻的律师简直惊呆了，他惊慌地朝经理看去，经理也正看着他。

"让我想想！"经理自言自语地说了一句。第二天，经理安排他去给一个资深律师当助手，并勉励他好好做。两年后，经过锻炼，他已经成为可以独当一面的业务能手了。他由衷地感谢那个讲话粗野的保安，正是他帮了自己人生一个大忙。

保安只是一个小人物，但他却能仗义执言，帮年轻的律师摆脱了困境，可见一些不起眼的小人物在关键时刻也能起到大作用。

在国外，有这么一个社会调查报告：那些大学期间成绩优异的学生在毕业后，大多数成了学者或公司白领，而那些成绩平庸的学生却成了公司老板。有一位教授风趣地对学生说："要处理和成绩优秀者的关系，因为他将来可能会成为你的同事，但更要处好与成绩不怎么好的人的关系，因为他将成为你的老板。"

在哈佛大学，也有同样类似的校训，大意是成绩优秀者，学校希望他们能留下当老师，教书育人；成绩平平者，学校希望他们以后要能资助学校，为学校捐款。事情也正是如此。多年来，那些成绩不怎么样的"小人物"为哈佛大学的捐款已达到数以亿计，那些大家之前都不看好的人成了各个行业中的精英。

总之，生活中，我们不能瞧不起任何人。在一个人落难的时候，乞丐都会成为他的救星，更何况那些小人物呢！所以，好好学会和那些小人物搞好关系，说不定，某一天，你心目中的"小人物"会成为你生命中关键时刻的"大福星"。

歪理四：场面话，说得信不得

有时场面就像是一台剧目，台词是必须背下来的，表演是需要出神入化的，语言是需要洞彻人心的，但当我们回归现实，还是不要总拘泥在那些虚无缥缈的剧情里。在这个虚幻而现实的世界里，有些话别人说得但未必真的有必要信得。

场面话并不是一种虚伪，更不是一种欺骗，而是一种必要的应酬。人踏入社会，就会跟各种各样的人接触，也会进入各种各样的场合。你要想跟某个人搞好关系，就要学会讲一些场面话。

什么是"场面话"？简言之，就是让别人高兴的话。既然是"场面话"，可想而知，就是在某个"场面"才说的话。这种话，不能代表自己内心的真实想法，讲出来的时候，即使别人知道是"言不由衷"，也依然会感到高兴。聪明人懂得"场面之言"是日常交际必备要素之一，从说场面话中，也可以看出一个人应酬的技巧和处世的智慧。

既然"场面话"是为了应付各种场合而说的话，那你就千万不要将它信以为真，过多地执着或者过分计较，只能让自己闹出更大的笑话。

老刘十几年都没有升迁，于是买了些礼物，去拜访了一位负责调动的人事经理，希望他能给自己提供帮助，把自己调到另一个部门去。因为他知道，在那个部门，现在有一个空缺，而且他的资历也符合这个岗位的要求。

对他的到来，那位经理表现得非常热情，并且当面应允，拍胸脯说道："没问题！"

得到这个回复，老刘高高兴兴地回去等消息了，谁知几个月过去了，一点消息都没有，打电话，对方不是不在，就是正在开会；问其他人才知道，那个位子早已经有人捷足先登了。老刘气愤地说："那他为什么对我拍胸脯说没有问题？"

原来那位经理说的只是场面话，而老刘却相信了经理的话。如果一个人跟你没有多大交情，却在你的面前作出重要许诺，你千万不能被一时的"善"意冲昏头脑，必须保持足够的理智来判别对方说的是不是场面话。

其实，要判断对方是不是在说场面话并不难，只要事后求证几次，如果对方言辞闪烁，虚与委蛇，或者直接避而不见、避谈主题，那就可以确定对方说的就是场面话，自己完全没有必要进行更多追究。

与人交往，如果他人对自己说了场面话，那你一定要有清醒的头脑，做出错误判断很可能形成非常严重的后果。而对于你，有时也要学会说些场面话，因为不说会对你的人际关系产生影响。

"场面话"其实就是称赞他人的话，比如称赞他人衣服漂亮，称赞他人孩子聪明可爱，称赞他人教子有方，等等。这种场面话所说的有的是实情，有的则与事实存在相当大的差距，有时甚至正好相反。说这些话的意思已经不重要了，这种场面话，只要不太离谱，听的人十有八九都会感到高兴。

当面答应他人的话，如"我会全力帮忙的""这事包在我身上""有什么问题尽管来找我"等，说这种话，很多时候都是处在特定的环境中，有人情在，当面又不好拒绝，否则场面会变得很难堪，还会因此得罪人，所以，在这些时候说一些场面话，先处理好面前的情形，真遇到以后的情况，能帮忙就帮忙，帮不上忙或不愿意帮忙就不要再把这样的话放在心上。

说"场面话"的"场面"当然不止以上几种，至于"场面话"的说法，也没有一定的标准，要依当时情况而定。总而言之，"场面话"就是感谢加称赞，在很多场合，你想不说都不行，因为不说，会对你的人际关系有所影响。如果你能学会讲"场面话"，对你的人际关系必有很大的帮助，你也会更容易成为受欢迎的人。既然知道任何人在生活中都不可避免要说一些"场面话"，那当你面对他人说一些"场面话"的时候，态度自然也就会变得包容一些。

歪理五：无事也要登一登三宝殿

平时不走动，有事时才去求人，到时候再殷勤，也别想让人有半点表示。不是别人太冷漠，要知道求人不是临阵磨枪就能办到的。

当我们遇到棘手问题，陷入不可摆脱的困境的时候，我们常常会登门求教，让别人与自己一起解决问题，"无事不登三宝殿"这句话便由此而来。

但是，如果平时你不跟别人多多联系，别人又怎会随随便便就答应你的请求，给你提供帮助呢？要知道，现在的社会，每个人都很忙，要忙着工作的事、家庭的事，哪有过多的时间去关心你这样一个并不是很熟的朋友。

俗话说得好："平时多烧香，急时有人帮。"无事的时候，也要登一登三宝殿，联络一下感情，这样在自己遇到困难的时候，才会有更多的人向你及时伸出援手。人情投资，最忌讳讲"近利"。近利，就让事情变成了人情买卖，任何人都会有被勉强的感觉，所以平时就做一个多"烧香"的人，才能在关系递增的基础上，为自己将来的稳定发展提供更多稳定依靠。

毕业后，张宝光进入一家软件公司工作，该企业在当地算是小有名气，张宝光在那里主要负责行政文书工作。

与众多大学毕业生一样，从张宝光身上可以看到刚走出大学校园的幼嫩和天真。但张宝光是一个非常有心的人，他说："当时我最大的体会就是，工作和学习完全不一样，很多事情自己都不懂。"张宝光正是凭借自己高度的自觉意识，成了一名职场成功人士。

和其他应届毕业生一样，那时候，大家的朋友都比较少，认识的人无非是一些以前的同学。张宝光非常重视同学关系的维护，积极地和他的大学、中学同学保持联系，不时发个短信，偶尔打个电话，时常联络彼此的感情，平时工作不忙的时候，也总不忘叫朋友出来一起喝杯茶。

　　大方、豪爽的性格使得张宝光在朋友圈中总有好人缘。在工作中，张宝光也总是寻找各种各样的机会，以虚心学习的心态与同事、领导进行交往。他的这种态度得到办公室主任的高度称赞，大家都非常乐意教导这个稳重而有活力的年轻人。

　　正因如此，张宝光理所当然地成了当时几十个同期进入公司应届生中出众的一位。短短两年时间，他就从一名普通办公室文员晋升为总经理秘书，成了老总的得力助手。3年后，他放弃了总经理秘书的工作，加盟到当地最为优秀的一家猎头公司，专为职场人士做"嫁衣"。他能取得这一切，除了自身能力之外，更是借助了朋友的很多帮助，借助人脉，给自己的工作带来了很多推动。

　　不管怎么做，都要经常跟朋友保持联系，才能保证朋友圈不会缩小。随着人们生活节奏加快，没有时间应酬朋友，时间久了，即使最好的朋友也会变得淡漠。有不少人总会觉得真正的朋友应该会理解对方。有不少人在结婚后就和朋友失去了联系，尤其是女性，生活渐渐被工作、家务和家人占去大半时间，开始疏于和朋友联系。还有一些男性，在结婚后，因为有了责任承担，让他们与朋友的联系变得越来越少。最后，等到他真的需要帮助的时候，才发现朋友已经离开自己，当自己需要求助的时候，才发现已经很难开口。

　　对于任何一个人，家庭都是最重要的，但是任何人都不能没有朋友，即使有了家庭也一样。其实，作为一个能成熟思考问题的人，为了自己的家庭，他们更懂得经营自己人脉的重要，这样做，正是为了自己的将来做打算。千万不要等到你有事了，再去登门，这个时候，自己所面对的，必然是一个非常尴尬的情形。

朋友之间是需要经常联系的，看看自己现在的朋友，是不是感觉陌生了。那就拿起电话，给你以前的、现在联系少的朋友打个电话或发个短信吧，问个好，打声招呼，对方一定会感到惊喜。而当你们再次相遇的时候，也必然会有一分更深的感情。

韩光出差在外，高晓波隔一段时间就打电话进行问候，而其他同事却没有这样做。

韩光出差回来后，给高晓波带来了礼物，并且还把高晓波要到自己的部门，做了副手。这可是一个非常有发展前途的岗位。

其他同事都很纳闷，以前高晓波与韩光的关系并不怎么样呀，甚至不如这些人与韩光亲热，为什么他最后会获得这么好的一个机会呢？

看见了吧！要想和同事、朋友、上司走得更近些，并不是很难的一件事，只要在闲暇时多一声问候，出差时多一个电话，用你无时无刻地关怀与对方保持经常的联系，很快，你们就会成为亲密无间的朋友。甚至，从他那里得到更大好处也都是说不定的事情。

我们都知道，熟人之间才好办事。一回生，两回熟，没事的时候，多去登登三宝殿，经常保持联系，借助日久天长的感情投资，当你遇到困难的时候，才会为自己赢得帮助提供更多可能。

歪理六：得理之处且饶人

今天得理不饶人，明天人也难饶你。人生总有笔账是要暗地里慢慢算的，别只顾较真，结果把自己的账面算赔了。

俗话说，"有理走遍天下，无理寸步难行"。但是，在生活中，如果别人和我们发生了矛盾，即使自己有理也要做到忍让三分。

也许有人会说："人活一口气，佛争一炷香，在别人理亏的时候，就是要与别人一争高下，让别人知道自己不是好欺负的。"于是，他们只要自己站在有理的这一方，就一定非要让对方承认自己错了或者非要逼对方无路可退才肯善罢甘休。

在一家餐馆，一位顾客突然大声喊道："小姐！你过来！你过来！"听到这个声音，餐厅服务员走了过来，面带微笑问他："先生，请问有什么事情需要我帮忙？"

那位客人怒气冲冲地说道："你看看，你们的牛奶坏了，把我的红茶都给糟蹋了！"

服务员小姐微笑着说："真对不起，我帮您换一下。"

很快，服务员就把红茶和牛奶端了上来，杯子和碟子跟上一杯一模一样，放着新鲜的牛奶和柠檬。小姐轻轻地把牛奶和鲜柠檬放在顾客面前，轻声地说道："先生，我能不能给您提个建议，柠檬和牛奶不要放在一起，因为牛奶遇到柠檬很可能会造成牛奶结块。"

顾客的脸唰地一下就红了，他匆匆喝完那杯茶就走了。其他客人问那位服务员小姐说："明明是他老土，你为什么不直接和他说呢？他那么粗鲁对你，为什么你还和颜悦色呢？"

小姐轻轻地笑了笑，回答道："正是因为他粗鲁，所以我才要用婉转的方式，因为道理一说就明白，又何必那么大声呢？理不直的人，常常用气壮来压人。有理的人，就要用和气来交朋友。"

在座的所有顾客都笑着点了点头，对这家餐馆又增加了几分好感。从此，这家餐馆的生意越来越红火，不是因为他们的菜有多好，也不是因为餐馆的规模有多大，而是因为餐馆的服务态度是最好的。

如果服务员小姐在对待这位客人时，得理不饶人，自己会解决一个问题，但势必也会让客人觉得很难堪，甚至还有可能与客人发生争执，不仅没有解决好这个问题，还会影响餐馆正常的生意，这样的结果显然是任何人都不想看到的。所以，她选择了面带微笑为顾客服务，用委婉的语气告诉顾客事实真相，保留顾客的尊严，也为自己增添了声誉，最终有更多的顾客光临这家餐馆。

殊不知，和别人争斗不休，到最后我们又得到了什么呢？即使让别人知道，我们不是好欺负的，可又有什么用呢？要明白，你是有理的话，你咄咄逼人的"理"，往往会让别人对你产生厌恶。这样做，其实是一件得不偿失的事。

一次，张伟不小心踩到了小雅的脚，连一句对不起都没说就扬长而去。小雅非常气愤，追了上去找他理论，她理直气壮地说道："嗨，你有没有教养！刚刚踩了我的脚，连个屁都不放一个，就走了。"

张伟一听气就不打一处来，心想："即使是我错了，踩了你一下，你也应该好好说话，怎么可以出言不逊？"于是也没给小雅好听的："路是大家的，我走我的，你走你的，谁让你占着公共道路不让别人走呢？"

小雅仗着自己有理，依然不依不饶，非要让张伟把鞋子给自己擦干净。一个大男人怎么可能站在大街上给一个素不相识的女人擦鞋？张伟坚持不肯道歉。一个得理不饶人，一个死不认错，谁都不肯退让，结果两人从斗嘴到最后大打出手。

本是一件小事，即使小雅有理，但是她不应该出言不逊。当然，张伟更有错，踩到了对方，本就应该主动道歉。如果他们两个当时懂得多包容一下对方，就不会让一件鸡毛蒜皮的小事演变成了大打出手的恶性事件。

得饶人处且饶人，你敬别人一尺，别人就会还你一丈，在我们得理的时候，懂得放对方一马，日后别人得理也会放我们一马。只有得理让三分的人才能拥有更多的朋友，才能和更多的人和睦相处。

古人云："用争斗的方式，我们永远得不到满足；但是用退让的方式，我们得到的会比期望的更多。"在交际过程中舍得让别人，即使我们有理也舍得让别人三分，这样才能赢得别人的尊重，才能和更多人和谐共处。

生活八卦篇

歪理歪理，抓住幸福就是好理

第一章 麻辣爱情
——没道理的道理才是真道理

爱情没有道理，每个人就是自己的道理。在这座有爱的城池里，充满了各种的歪理，看似不成立，却又各有各的论据，你能说谁对谁错吗？当然不能，如果你真的能分辨出来对错，那么只能说，你现在还不懂什么叫爱情。

歪理一：幸福是空气，不捂鼻子它总会有

都说找不到幸福，其实幸福就在空气中浮动，是你自己捂住鼻子不愿意闻它。

面对形形色色的大千世界、人浮于事的大都市，很多人很迷茫且不知所措，幸福好像对他们这些整天披星戴月的人来说十分的陌生。到底是幸福疏远了他们，还是因为他们身居幸福之中而变得麻木了呢？其实，只要我们用心体会，就会发现幸福就在我们身边。

故事在开始的时候，女主人公是很美丽的，她的婚姻也和她的相貌

一样完美。但不管多么完美的外表和生活，日子久了，都会变得平淡。时间一长，人们更会因此感到厌烦。就在她厌烦到快要麻木的时候，她邂逅了一个男人，那个男人让她看到了一个完全不同的世界。最终她决意离婚，并把这个决定告诉了自己的丈夫。丈夫听到后，久久没有言语。

她拿出小剪刀开始修指甲，小剪刀有点钝，不大好用。

"你把抽屉里那把新剪刀递给我，好吗？"她对丈夫说道。

丈夫拿出剪刀，默默递给她。她忽然间发现，丈夫在递给她剪刀的时候，刀柄是朝向她的，而刀尖却朝着自己。

"你怎么这样递剪刀呢？"她有点好奇。

"我一直都是这么递给你的呀。"丈夫说，"万一有什么意外发生，也不会伤到你。"

"是吗？"她的内心忍不住轻轻颤动了一下，"我从来没注意过。"

"那是因为这事情太平常了。"丈夫静静地说道，"我从没有说，因为我一直认为这完全没有必要说。我对你的爱也是这样的，从爱上你的那一天起，我就告诉自己，要把最大的空间给你，把最大的自由给你，就像刚才递给你的剪刀一样，把爱情的生杀大权也给你，让你不会受到伤害——最起码不会从我这里受到伤害。也许这并不惊天动地，也不是轰轰烈烈，可这就是我对你的爱。"

听到这些话，她低下头，望着手中冰凉的剪刀，泪水汹涌而出。是的，丈夫一直爱自己，他给予自己的一直都是刀柄之爱，可自己给予丈夫的又是什么？

这是一份怎样细腻的爱，每个人用心去体会的时候，都会被深深感动。最终，故事中的女主人公当然还是回到了丈夫身边。

很多幸福就在我们眼前，只是我们习以为常，或是因为一点困难就心生抱怨，所以才体会不到幸福。面对即将崩溃的婚姻，是丈夫那一个小小的爱的细节挽救了它。女人终于在丈夫递剪刀的那一刻领悟到了爱的真谛。真正的爱不仅仅是浪漫的相遇、热烈的吸引、醉人的蜜语和澎湃的激情，它更是深广的宽容、细微的疼惜、淡远的关爱和无声的表达！大爱无言！

实际上，幸福不是虚无缥缈的东西，它其实和我们的生活密切相关。难过的时候有人给你送来一些安慰，这是一种幸福；累了的时候有人帮你倒杯水，这也是一种幸福。只是这些细微的东西往往被我们忽视了，相反还埋怨命运的不公平，抱怨生活太累、工作太辛苦。其实，能拥有一个完整的家庭，每天可以听到父母的唠叨，为了前途努力学习，在工作中任劳任怨，这些都是幸福，只要你肯享受当下的拥有。

记得在一个漫天飞雪的冬天里看到这样一个情景：

一对老夫妻互相搀扶着正准备过马路，他们看着从眼前飞驰而过的汽车，停了下来，为对方弹落身上的雪。两个人的动作非常轻缓，先是给对方轻轻拂去头上的雪，再用手弹去肩膀的雪，最后再互相把背后的雪一点一点从上而下拍落。

老人的动作轻柔，却又非常默契，很容易让人联想到，他们在以往的岁月中就是这样为对方拂落身上的尘埃和积雪的。

看似不经意间的一个小动作，却能深深感动我们，可又有谁能记住自己生活中的这些小小细节呢？试问，这世上还有多少夫妻能记得为对方拍下身上的积雪？试问，还有哪一对夫妻在意如此默契的配合？就在这样简简单单的一个动作中，却蕴含有如此深沉的爱意。

俄国作家屠格涅夫说过："幸福没有明天，它甚至也没有昨天，它既不回忆过去，也不去想将来，它只有现在。"没错，幸福就在我们身边，就是我们所拥有的，如果不懂得珍惜，等到失去了就再也找不回了。接受现实，接受眼前所有的美好与磨难，这些都是生活赋予我们的财富，都是最大的幸福。

幸福就像空气一样无处不在，只要你用心去认真地感悟的话，就会发现，幸福就在我们生活的每一个细节里。一件微不足道的事情、一个小小的动作，都会让我们感动很久很久。

歪理二：婚姻不是爱的结局

白雪公主和王子历尽艰辛，最终喜结良缘，故事就这样结尾了，爱真的也这样结尾了吗？当然不是，那是一个未完待续的过程……

不知道从什么时候开始，不知道是谁，发明了这样一句话——"婚姻是爱情的坟墓"，很多人——尤其是那些刚走进婚姻围城的年轻人，也似乎觉得身边的情人一下子变得不是那么完美了，对自己也不是那关心了。

郭海和庆恩是在一次聚会上认识的，之后便恋爱了。恋爱期间两人恩爱无比。在半年后，郭海单膝跪地，依靠鲜花和钻戒，彻底征服了庆恩，于是两人踏入了婚姻的殿堂。

初入婚姻之门，两人都很激动，蜜月过得情意绵绵。但是，当休完婚假，二人正常上班以后，情形就变了。郭海工作挺忙的，公司离家又远，每天下班回到家的时候，已经晚上8点多了，他全身疲惫得已经没有多少精力去关心自己的妻子了，所以，一般吃了饭，就躺下睡觉。

庆恩感到丈夫不像婚前那样爱自己了，所以经常会发牢骚，说："你是不是烦我了？我看我们谈恋爱的时间这么短，这么快就被你追到手，你当然不会珍惜。"

郭海听了也不相让，说："你知道我工作很累吗？一点也不知道体谅我。"庆恩听了，更加生气了，于是两人就吵了起来，之后一段时间他们陷入了"冷战"。

虽然过段时间就恢复了正常，但是彼此心中已经留下了心结，经常会为一些生活琐事产生口角。庆恩知道他们彼此还爱着对方，但婚姻却似乎处在危机中。

恋爱时，浪漫潇洒、花前月下、海誓山盟，极尽两情相悦的缠绵和快乐没有束缚、没有牵绊，想怎样相爱就怎样相爱。结婚后，法律的约束、家庭的牵连，责任也压在了肩膀上，与恋爱时相比，活动的空间、时间、方式方法都受到了极大的限制，束手束脚，直叫人一时之间难以适应。

恋爱时，由于在一起的时间有限，情侣总是恨相聚的时光走得太快。为了在匆匆的相聚里表达自己无限的爱，总是竭尽所能地取悦对方、博得好感，都尽力表现自己的长处和可爱之处，而掩盖自己的不足与缺陷，这时展现出的绝对是自己最美好的一面。结婚后，两人长相厮守，有一辈子的时间可以相对，原来那种唯恐相聚太短的心情消失得无影无踪，一点一点展现出自己的全貌，连缺陷、弱点、不足，甚至丑恶的一面也逐渐暴露出来。

所以，结婚后，如果我们仍然用恋人的眼光和心态去看待妻子或丈夫，用恋爱的自由和缠绵来要求烦琐的家庭生活，问题就会不可避免地产生。但是，问题的产生并不是因为婚姻埋葬了爱情，而是因为我们回归到现实里，"水土不服"而已。

婚姻是爱情的果实，是爱情发展到了一定阶段的产物。爱情缺少了婚姻的归宿，就只是一个模糊的画面，而婚姻正是画中真实的美景。有了婚姻，爱情才能回归现实，我们才能享有恋人相伴左右、儿女承欢膝下的天伦之乐。有些人在结婚后，之所以过着不幸福的生活，是因为他们不知道婚后怎样去维护爱情；一旦婚姻破裂的时候，他们从不把原因归咎于爱情缺乏继续维护，而是在对方的身上找出种种缺陷。

那些能够保持幸福婚姻的人，他们非常懂得在结婚之后依然维护好彼此的爱情，不仅不应淡漠彼此的爱情，相反，还要更加用心去呵护夫妻间的感情。

李先生现在已是一个 10 岁孩子的父亲，但他对妻子张女士的态度依然是百般呵护。他常常会接送妻子上下班，风雨不误，还不时地会制造出一些小浪漫，把妻子整天哄得十分开心。结婚多年，李先生和妻子的关系依然保持亲密，就像新婚不久的夫妻。

李先生总是自豪地对外人说起："我们已经结婚10年了，我从来没和妻子闹过什么矛盾。"

有人问他这其中有什么秘诀，李先生回答说："在婚姻中，我们始终没有忘记要继续维持经营自己的爱情。我们是因为爱情而走入婚姻生活，不是因为有婚姻生活才拥有爱情。"

李先生话中的意思已经十分明白，爱情是婚姻最好的保鲜剂。如果你把婚姻看成爱情的结果，那婚姻很容易就会变得平淡乏味。如果你把婚姻看成是两人感情的延续，那你的婚姻生活必然会过得非常幸福。

婚姻只是爱情的一个阶段，或者说仅仅是爱情的一种固定形式，只有时时为自己的感情增添更多的"惊喜"，这样才能为自己的婚姻保持更多活力，让两人心与心碰撞、情与情交流、性与爱交织、灵与肉统一，这样的婚姻才会更加美满。

婚姻没有爱情的支撑，很容易变味，就好像冲泡一壶茶，多次冲泡后，人们很容易感到淡而无味，但这杯水却要继续喝下去。如果想要这杯水依然有滋味，就必须给壶里及时加入茶叶。其实，给婚姻加"茶叶"的方式很简单，如制造一些浪漫，体谅一下对方的辛苦，感激对方的付出，把婚姻经营得如恋爱般甜蜜与和谐，那么婚姻就会得到一次升华。

婚姻幸福与否，不在于富贵贫贱，而在于夫妻如何去经营，在婚姻中延续你们的爱情，才会使婚姻永远充满光彩。

歪理三：十全十美的爱不是幸福

　　锅碗瓢勺没碰在一起，再精美的厨具也烹制不出幸福……

　　对美丽的东西，人们总是情有独钟。在择偶的时候，女人希望找到自己的"白马王子"，男人则希望遇到才貌双全的"人间尤物"。人们寄予爱情与婚姻太多的期望与想象，但这种过于理想化的憧憬，最终让许多人成了爱情与浪漫的俘虏。

　　其实，这个世界上不存在所谓完美的人和事，如果不能接受这一事实，仍然要去抓住这乌托邦式的梦，那最后必然会让你浑身是伤，并且无功而返。

　　苏菱、陈好、肖英是非常要好的闺中密友。在三人中，苏菱长得最漂亮，而且有才华。相比较，陈好各方面都是普普通通。

　　3个人虽然平时整天都黏在一起，恨不能一个鼻孔出气，但是在择偶这个问题上，3个人却产生了极大分歧。苏菱觉得，人生就应该追求完美的东西，爱情也是一样，如果她找不到一个能让自己感到满意的爱人，那么她情愿一直独身下去。而肖英则觉得婚姻是一辈子的大事，必须进行全面考虑，找一个能与自己志同道合的男人，才是自己未来生活的最大保障。

　　只有陈好对婚姻没有太多要求，她觉得两个人只要互相喜欢，家境相差不大，就可以接受。后来，陈好遇到了李军，李军长相、才情都非常一般，两人在一次聚会上第一眼就看上了对方，并且彼此又都是初恋对象，两人的恋情发展得非常顺利。

对此苏菱和肖英却予以强烈反对，她们觉得，陈好各方面都不是很优秀的人，随意地选择婚姻会让她失去人生辉煌的机会，她不应该草率决定。但陈好觉得，没有人知道自己将来会遇到谁，谁会是自己的最爱，只要感觉这是爱情，那就应该紧紧把握。后来，经过一段时间交往，陈好与李军结婚了。虽然每天日子过得非常幸福，但她还是成了女友们同情的对象，苏菱摇头叹息："这么年轻就嫁人，真是可惜啊。"肖英撇着嘴说："她为什么不找一个更好的？"

时光飞快，当年的少女现在已变成半老徐娘，苏菱众里寻他千百度，无奈那人始终不在灯火阑珊处，让闭月羞花之貌空憔悴；而肖英虽然如愿以偿，嫁与自己志趣相投的男士，但无奈两人总在同一屋檐下，如同两只刺猬一般，不停用身上的刺去扎对方，遍体鳞伤后，不得不选择离婚。离婚后，除了食物她找不到别的安慰，生生将自己的昔日窈窕变成今日肥硕，昔日才女变成今日怨妇。

只有陈好，不仅家庭和睦，事业发展也可谓顺风顺水，身心愉悦，精神也让人感到振奋，时不时地与自己的女儿冒充姊妹花美煞旁人。

苏菱认为的完美爱人，根本就是水中月镜中花，即使找到了所谓浪漫爱情，也不能保证一遇到现实婚姻，这份浪漫的情感就不会溃不成军。那个喜欢浪漫的人，在进入婚姻围城后，说不定无法继续编制浪漫，这必然会让她感到失望，甚至认为对方是在欺骗自己。肖英自视清高，把志同道合作为最重要的择偶条件，期望组织一个以精神生活为支撑的家庭，希望夫妻之间不仅有共同的生活情趣，还要有共同的思想和语言。可是事实证明她也是错的。她的错误不在于对方是不是一个志同道合的人，而是在于这种要求比较狭隘和单一。

实际上，两个人在一起，并不一定非要局限于相同层次或领域的交流，并且不同的知识、感情、风度、性格、谈吐等都可以产生情趣，情感和理解是两个重要生活部分。情感是理解的基础，只有加深理解才能深化彼此的情感。双方只要具备体谅的心态，生活情趣便会自然而生。

陈好的爱，看起来有些傻气，但恰恰是她这种随遇而安的爱的体现，最终使她得到了他人所难以企及的幸福。在爱情中，一个人的感觉很重要，感觉找对了，就不要考虑太多，不然，总是挑挑拣拣的，会错过自己最好的姻缘。未来的生活，都是不可确定的，不确定才富于挑战，给未来留有一些空间，才能给自己的生活留下更多惊喜。陈好庆幸自己及时把握了那瞬间即逝的感觉，上天让陈好和李军相遇得很早，但幸福却并没有给他们太少。

那些像陈好一样顺利建立起家庭的青年，似乎都有一个共同心理特征，即糊涂而为、率性而立，但他们敢于决断自己的生活，他们更愿意通过自己的努力去建立自己的生活。爱情中的理想化色彩是十分宝贵的，但是对理想过分苛求，标准也就变成了模式。生活一旦脱离现实，就会显得虚幻缥缈。

有一位来自大城市的男青年，在一个偏远的小山村里跟一个农村姑娘相爱了，并且举办了婚礼。没过多久，这位小伙子回到城里，把妻子也带了回去。他进了一家大企业，并且凭着自己的努力，做到了高管的位置。

这个时候的他突然感觉妻子和自己的差距越来越大。他与她之间没有共同语言，妻子也不能在工作上给予他一些帮助。

他突然非常后悔娶了这样一位妻子。在他的眼里，妻子的一切似乎都是那么的讨厌。因此，他回到家也不跟妻子说话，因为他觉得跟这么一位文化低下的老婆说话，想起来就觉得难受。

终于他无法忍耐了，准备写离婚协议书。这一切，妻子并不知道，妻子还是一如既往地照顾自己的丈夫和孩子。有一天，他又在写离婚协议，妻子给他端了一杯茶过来，丈夫慌乱之下碰倒了茶杯，那份离婚协议被浸湿了。丈夫感到很失望，于是一个人离开了。

当丈夫再回来的时候，他发现妻子正在用炉火烘烤被水浸湿的那份协议。因为妻子不识字，她只是以为这是丈夫的一些重要文件，不应该让它毁了。她是那么紧张，脸上写满了歉意，仿佛这一切是她造成的。

丈夫看到这一幕，感动得流下了热泪。他这时才想起，妻子为自己付出了多少，家里的一切重担都压在了这个瘦弱的女人身上，但她却从来没有抱怨过一句。丈夫走了过去，把那份离婚协议撕掉，接着抱住了妻子。

这个世界上没有完美的东西，也没有完美的人，我们不仅需要包容朋友，更需要包容我们身边的爱人。如果我们能够在生活中多包容对方的话，那么我们的爱情就不会被柴米油盐所淹没。

那么，我们如何在柴米油盐中学会包容呢？

1. 包容对方的小习惯。

每个人都有自己的性格习惯，因此不要拿着从中间挤牙膏、吃饭不出声等问题吹毛求疵。有些人天生在意的所谓"优点"，却不见得就一定适合另一半，例如男人喜欢啤酒，女人喜欢香水，而另一半很难对此产生兴趣。所以，既然是天性，不如干脆视而不见。因为不管怎么说，这些细小的枝节不可能直接影响你们的婚姻生活。

2. 对对方感兴趣的事情表示理解。

有些人在恋爱的时候，对对方感兴趣的事情也会感兴趣。可是一旦走进婚姻，很多人就会不怎么上心，甚至还觉得讨厌，这都是因为缺少包容才导致的矛盾。

歪理四：惊喜，让婚姻充满激情

人生的情趣在于意外，意外的确能让婚姻找回恋爱时的激情……

生活中，你偶尔会发觉，日子一天比一天难熬，活得一点意义都没有，自己这辈子都没做过什么惊天动地的大事，时间像是静止了一样。

其实，我们觉得生活没有意思，是因为已经太久没有给生活创造惊喜了。如果我们能学会时常给生活创造一些意外惊喜的话，那我们的生活就变得更加有味道了！

罗晋和刘熙已经相爱多年了，刘熙在家人的反对声中，跟着罗晋去了一个很远的地方为理想奋斗。在他们的婚礼上，既没有浪漫的婚纱，也没有花车，甚至没有得到亲友的祝福，可以说是一场非常朴素的婚礼。从此以后，两人过起了节俭的生活。

不久，刘熙怀孕了，而罗晋又偏偏在这个时候失业了，他们面临着经济危机的考验。罗晋开始到处打散工，而刘熙就每天晚上在大门口等着罗晋回家。刘熙并没有因此而感到空虚或寂寞，因为每次罗晋回来都会给刘熙带来一些东西，虽然有时只是路边摘的小野花，但也能让她开心很久。

十月怀胎，一朝分娩，刘熙在分娩的过程中难产，虽然最后母子平安，但却让本来就拮据的二人又欠下了一笔不小的债务。因为罗晋要在家里照顾刘熙，所以只能辞去工作。3个月后，家里的钱几乎都花光了，但还有3万多块钱的债务没有还。刘熙哭了。

好在天无绝人之路，在一位朋友的介绍下，罗晋找到了一份工作。没过多久，公司派他去北京出差。他忽然想起妻子已经很久没买衣服了，但又不记得妻子的尺寸，就给刘熙打电话问尺寸。刘熙坚决反对，因为她不想老公乱花钱。

最后，罗晋还是给妻子买了几件新衣服。回到家后，妻子试了试新衣服，都不合适，她又哭又笑地抱住了老公。从此以后，刘熙一直穿着老公送给她的衣服，虽然都不合适，但这些衣服在她心里却是最好的。

后来，他们的生活越来越好。罗晋不再送野花给刘熙了，在一些特别的日子里，他总是送给妻子一束鲜艳的玫瑰花。而每次罗晋回到家里，刘熙总是给他一个深情的拥抱和一个亲吻，而这些也已经成了他们的习惯。夫妻二人总是如胶似漆、恩恩爱爱的。

又过了 10 多年，罗晋有了自己的事业，并且如日中天。他忙得开始顾不上妻子了。在他看来，家里的富有好像让妻子什么都不缺。但就在他 40 岁生日那天，妻子却突然提出了离婚。罗晋被惊呆了，问妻子为什么。妻子说要回家照顾体弱多病的父母。离开时，她并没有向罗晋提出什么要求，唯一的要求就是带走堆放在阁楼上的那几个纸箱装着的东西。箱子里放着昔日他送给她的那些"惊喜"。

没错，真正的生活确实是平淡无味的，但并不代表我们不向往激情。其实每个人的心中都有无数颗激情的种子，都期待它们能发芽。惊喜就是其中之一。

虽然以前他们的经济状况是那么的不好，但罗晋却经常给刘熙带来一些小小的惊喜，刘熙依然觉得很幸福。后来当罗晋为了事业而忽略了妻子，忘记给家庭制造一些惊喜的时候，前所未有的婚姻危机便悄悄出现了。这就说明了，惊喜能给平淡的生活带来无穷的活力。

法国思想家伏尔泰曾说："能够给自己平淡的生活制造惊喜的人，才能真正领悟人生的真谛。"的确，人如果过太久平淡的生活，就会渐渐失去活力，并且感到麻木而沉闷。想在生活中永远保持浪漫和活力，那就让自己主动给生活制造一些小惊喜吧！

一次，李军要去香港出差。正当他在旅途中感到烦闷时，忽然想起了妻子在他出门的时候对他说："包里的小盒子里有点心，饿了就吃吧。"当他打开包里的小盒子时，里面装的竟然是一台 MP3。

他高兴极了，因为工作原因，他需要经常出差，早就想买一个MP3解闷，却没料到妻子帮他提前买好了。他还惊喜地发现，里面的歌都是他喜欢听的，还有几本他特别喜欢看的小说的MP3格式。他想起妻子说过他眼睛不好，又爱看书，要帮他找一些MP3格式的电子书，他以后就可以直接"听"书，这样就彻底解放他的眼睛了。而这些，妻子竟然全都给他实现了，他的眼睛不由得湿润了。那个旅途，有妻子的陪伴，他不再感到烦闷和无聊了。

他记得还有一次，在吃晚饭时他抱怨生活真是越来越没意思了，每天准时起床，准时赶车，定时打卡，总是做着千篇一律的事情；到了下班时间，坐着同样的车，吃同样的饭，接着还要做着相同的事情。第二天下班，当他推开家里的门，惊喜地看到妻子为他准备了一桌丰盛的菜。吃完饭，妻子说："亲爱的，跟我来，我要让你看一样好东西。"妻子把他拉到卧室里，他看到沙发上放着一把精美的小提琴。他看着小提琴，又看了看妻子，感动得哭了。

在大学时代，他对小提琴有着极度的热爱，他的理想就是成为一个音乐家或小提琴家。可是，现实生活的残酷让他每天不得不为了工作和为房子奔波，他只能放下了自己的理想。然而，没想到的是，自己无意的抱怨却让妻子想起他大学时代的理想，还特意给他买了一把小提琴。他感动地吻了吻妻子，然后轻轻地拿起小提琴，开始拉了起来。他已经很久没有拉小提琴了，虽然拉得有些生涩，但琴声依旧婉转悠扬。他们慢慢地陶醉在琴声里。晚上，他搂着妻子说："今天我真的太高兴了，没想到你会给我这么大的惊喜！"

李军回忆起妻子为他制造的种种惊喜，想起她点点滴滴的好，脸上不禁出现了陶醉的表情。

很明显，这对夫妻是很恩爱和甜蜜的，而这些恩爱和甜蜜都是"惊喜"给他们带来的！

由此可见，在平淡的生活中，偶尔制造一些惊喜作为添加剂来充实是很重要的。很多人觉得创造惊喜真的很不容易，想破脑袋也想不出来，其实并非如此，只要你平时多留意身边的人，多了解一点点，看看他喜欢什么、需要什么，就能轻而易举地创造出惊喜。

真正的惊喜往往是在意料之外、向往之中的，是他心里真正想要的一些东西或感受，而不是你认为他所需要的。如果你不知道对方需要什么，就自以为是地准备，那么，往往只会适得其反，不但让你白费时间和精力，而且还没给对方带来什么快乐和惊喜，只会让事情弄巧成拙罢了。

其实，只要在日常生活中细心一些，就很容易发现你身边的人内心深处喜欢什么、向往什么。你在和他朝夕相处中，他总会无意中透露出来到底喜欢什么、需要什么。真正有心的人，会很敏感地抓住他的这种喜好和需要，从而制造出令对方满意的惊喜。

给对方制造出乎意料的惊喜，常常会起到感情"兴奋剂"的作用，从而在惊喜中迸发出强烈的感情火花，掀起沸腾的爱情热浪，也会让平淡无味的生活增加很多乐趣，而你就会得到"幸福像花儿一样绽放"的效果！

歪理五：谁先妥协，谁先得到幸福

> 如果你能把老婆像王后一样礼让对待的话，那你自己本身
> 就是她身边的那个国王。

有时候，爱情就像两个人之间的一场战争，唯一的悬念就是谁输谁赢。如果想结束这场战争，那就必须有一个人要选择放弃或者妥协。可能有的人会说："我是爱你的，但我没办法为你放弃自己的个性和习惯。"没错，我们每个人都有坚持自己立场的权利。但是，如果为了这种小事而不妥协，就选择分手，那么，只能说明你的心智还太不成熟了，或者说你也太幼稚了。

两个人在相遇和相爱之间，都有着自己的生活方式和习惯，同时也有着自己独特的个性。可能一个喜欢安静，而另一个喜欢热闹，在这个时候，就需要有一个人做出让步或妥协。

我们要明白一点，这个世界上，每一个人都不可能是完全一样的，多多少少都是有差异的。如果你不能令对方改变，那就要试着学会接受，学会妥协，这样的你才能享受到恋爱中的幸福。

一个刚出生不久的婴儿居然出现了两个"亲生母亲"。在公堂上，两位母亲都拉扯着这个婴儿，她们谁也不肯让步，都说自己是这孩子真正的亲生母亲，争得难解难分。孩子因她们的拉扯大哭大闹着。这时，县官也皱着眉头无法定夺：她们两个谁是真的，谁是假的啊。

就在县官快要想破脑袋的时候，旁边的师爷灵机一动，想到了一个好办法：让人把孩子给切成两半，两位母亲一人一半。

县官想了一下，点了点头，当着所有人宣布："现在我决定把孩子切成两半，你们一人一半！"

这时，其中的一位母亲大哭了起来，边哭边说："大老爷，您把孩子判给她吧，我不要了！"说完，把手放开了。

毫无疑问，放手的这位就是孩子的亲生母亲了。

其实这个故事，有着一个非常发人深省的名字——爱他就放开他。

回到现实，我们总会为一些小事就指责对方。其实真正自私的那个人，永远都不会放手，因为他只会爱自己，会始终为了自己的利益不肯让步。可如果想让爱继续下去，就必须有一个人先退让。而最后作出妥协的那个人，可以肯定他是爱你的。

当你帮别人打开一扇窗的同时，自己也会看到更完整的天空。人们往往因为一些彼此无法释怀的事情而坚持，而这些坚持都不算什么大事，但却会造成永远无法弥补的伤害。如果能从自己做起，用宽容的心胸去理解别人，那么相信你一定能收到许多意想不到的东西。

王海和小雨是一对恋人，一天，他们约好了在游乐园门口见面。王海在游乐园门口走来走去差不多一个小时，有点生气了，以为小雨不会来了。又过了几分钟，小雨终于来了，这时他的心情由担心转变成放心，然后又由放心转变为怒气："不是说好了6点半的吗？你看看，这都快7点半了，你怎么也不打电话说一声啊！"

小雨听完，也生起气来："你才等一个小时就这么没耐性，还对我大吼大叫，将来还怎么指望你对我好啊！"

王海被小雨噎得一时不知说什么好，他在心里嘟囔着："这人真是无法理喻，我今天绝不和她说话，对，绝对不和她说话！"

两人在街上逛了几圈，他看见小雨还在噘着嘴，眼里泛着委屈的泪花，他自言自语："唉，还是算了吧，我一个大男人何必得理不饶人呢，我应该有点风度啊！"

于是，王海主动伸手把小雨紧紧地搂在了怀里，小雨在他怀里轻轻地啜泣起来。两人吃过晚餐后，王海又很温柔地送小雨回家。

他觉得爱有的时候真的很不争气，他也在问自己为什么这么不争气，总是在她面前先妥协，自己明明是对的，却还要反过来为她打圆场。不过，他坚信这么做这是值得的。

在爱情中主动妥协，并不是逼自己认输，而是用积极的心态来赢回彼此的信任。想要学会妥协真的很难，最难的是要靠双方一起努力。如果其中一个人退让了，而另外一个却得寸进尺，这样无异于"软土深掘"，只会让两人在爱情的泥沼中越陷越深。

能做到妥协和让步的人是聪明和无私的，开始，可能会因为自尊心在作怪，感觉有些不太情愿，可一旦真正做出妥协和让步之后，心里又会感到无比的喜悦和幸福。这就叫为爱而妥协，退一步海阔天空就是这个道理。与幸福相比，还有什么是不能妥协和让步的呢？

我们终于明白，原来妥协也是爱的一种表达方式。豆腐和鲍鱼都可以填饱肚子，关键看你选择了什么。而聪明和愚蠢也通常只是一念之差。

因为妥协就可以改变一件事，改变虽然要付出代价，但这代价绝不会让我们一个人来承担。

一旦登上妥协的高峰，就会看见宽阔的世界。把鸡毛蒜皮的小事都埋进土里，踩在脚下，当做幸福的肥料，滋养两个人甜美的爱情。

歪理六：爱情不能比，越比爱越少

人可以比身高，比才华，比富有，但就是不能比爱情，它是需要长期投资的长久股，对比只会让它贬值，贬值，再贬值。

初恋是最美的，很多人在经历初恋的失败后，总是迟迟无法接受下一段爱情的开始。究其原因，他把那已经离开自己的初恋情人当成了心目中的偶像，并会时刻用初恋情人的标准去衡量自己所遇到其他情人。但是这种比较，对新的对象来说是不公平的。对于大多数人来说，越是得不到的东西，越是显得弥足珍贵。

一个人经历一段失败的感情，就会在内心留下深刻印象，昔日情人在心目中的形象就会显得更加高大，因为对逝去"斯人"的怀念，就会对后来者百般挑剔，导致自己的爱情更加不顺利，使得他感情和生活的道路变得更加艰难。所以，在爱情的选择中糊涂一点对自己也不会有太多的害处。离去的未必是最好的，得到的也未必是最差的，客观看到两者之间的优点和缺点，这样得出一个最客观的评价，有了这种判断之后，才能为自己的生活指出最正确的方向。

张新在大学时代和同班同学赵琼谈起了恋爱，两人感情一直很稳定。可是大学毕业后，两人在未来生活规划上却产生了分歧。赵琼要去美国留学，张新认为自己的事业在国内更有前途，根本就没有去国外的打算，而赵琼又不想很快回国发展。最后两人经过协商，友好分手。

这件事情过去一段时间后，一次偶然机会，一名叫李会的女护士闯进了张新的生活。李会虽然只是中专毕业，但人长得漂亮，而且为人热情、大方，又非常有耐心，他觉得这样的女孩非常适合做自己的妻子。经过一番狂热的追求，李会终于答应了与他交往的要求。正如张新判断的那样，李会果然是个非常体贴的人，对他的事业帮助很大。休班的时候，李会总会到张新的住处帮他打扫房间、洗衣、做饭，有时间的时候，还帮助他查阅、打印资料，两个人都充分享受着爱情的甜蜜和生活的美满。

可是，有一天，张新的一位大学同学从外地来出差，晚上在饭店为老同学接风的时候，张新带李会一起参加。久别重逢，大家都感到很兴奋，两个人都喝得有点过了，那个老同学一时忽略了李会的感受，对张新说道："我们这些老同学都对你和赵琼的分手感到遗憾，因为赵琼是那么才华横溢，将来肯定能大有作为。"虽然那位老同学也说了，今天见到李会后，也不会再感到遗憾，因为李会的漂亮和善解人意是赵琼无法比拟的，但这已经无法抚平在李会心中所留下的伤口。她第一次知道，在自己之前，张新还有过一个如此聪明而有才华的女友。

一次，公司安排张新去美国出差，李会一边帮他收拾行李，一边不断地问："就要见到赵琼了，心情是不是很激动啊？"当时张新正急着整理去美国要用到资料，没顾得上搭理李会，这让李会更加误会，继续说道："好马也吃回头草的，如果现在赵琼还是一个人，你们这次就可以在美国破镜重圆了！"张新不耐烦地说了一句："你怎么又拿赵琼说事，烦不烦啊！"不料，李会却有了很大反应，立刻脸色大变："我的学历低、能力差，不能和你比翼齐飞，你当然觉得我烦。"说完转身就离去了。

由于第二天就要启程去美国，所以张新就想等回国后再去找她解释。可最后令人没有想到的是，等他回国后，李会已经火速经别人介绍认识了一个新男朋友。她对张新说："我现在的男朋友在各个方面都不如你，我这么急着找一个人，是为了逼自己坚决地离开你。我必须断了自己的回头之路，才能找到属于我的生活。"

恋人的前一段情感，往往会成为后来者心中最深的惦记，他不但自己对过往的事情耿耿于怀，而且更不断地提醒自己的恋人："永远不要忘记。"如此一来，那个已经成为过去、跟现在毫不相干的人，便长期纠缠在两人的爱情生活中，最终甚至可以成为两人爱情危机的导火索。其实，男肯娶女肯嫁，就代表着对对方的肯定。在面临结婚问题时，如果大家都表示出明确的态度，那你们的婚姻已经获得了最好的保障。

所以，千万不要拿曾经的恋情与现在相比，更不要拿别人跟自己比，因为爱情本身就不具有可比性。

第二章　亲情维系
——用歪理制造搞笑的温馨

小时候靠爹妈，长大了就有义务逗得他们笑哈哈，即便是歪理也要让家里的每一个人心服口服，只有这样，家里的气氛才会快乐而温馨。说不定有一天，你无意间说出的"歪理邪说"，就会被家人奉为至理一代代地传颂下去呢。

歪理一：溺爱不是爱，是一种无形的伤害

"严家无悍虏，慈母多败子"，别让孩子在溺爱中失去了自我独立的意志。

作为父母，爱子心切可以理解，但是要明白，你能照顾孩子一时一事，却照顾不了孩子一生一世。在父母的羽翼下成长的孩子，处理事情、解决问题的能力是非常有限的，今日的溺爱或许就为孩子日后的平庸埋下了种子。

有两个在一座寺庙里的和尚受师傅之命，去离寺庙较远的戈壁滩上

植树。和尚甲对小树照料得很细心，不辞辛苦地定时定量给小树浇水、施肥；而和尚乙对待小树却大大咧咧，远没有和尚甲那么细心周到，他只是隔三岔五地去给小树浇水、施肥。

好在两棵小树都长得很好，郁郁葱葱，枝繁叶茂。

一天夜里，忽然刮起了大风，整个戈壁滩都被大风席卷了。第二天一早，风停了，再看两人栽的小树，居然有了明显的差别：和尚甲种的小树被大风连根拔起倒在地上，和尚乙栽的小树则依然挺拔地竖立在戈壁滩上，只是被风刮断了几条小树枝。

这个故事告诉我们，被照顾得细致入微的小树，由于轻易就会得到水分和肥料，就不必费力地扎根到深处；而被照顾得"不够好"的小树，不得不努力把根扎牢、扎稳，去寻找足够的水分和肥料。

将此道理置于孩子们的身上，同样不难理解。现今的孩子们，多是在父母或者祖父母的百般呵护下长大，没有经历风雨的机会，就像那棵被照顾得极好的小树一样，一旦遇到大风就会被毁掉。

很多人对于那种无私而真挚的爱，通常是给予赞美和肯定的。可很少有人会想到，溺爱有时也是一种伤害，而且这种伤害是致命的。

心理学家研究结果表明，过分的溺爱和娇惯常常会使孩子变得任性。例如那些特别容易就能得到物质满足的孩子，长大成人后，常常不会处理学习、工作以及人际交往中的挫折。而且，心理学家认为，对孩子放纵和溺爱的父母，会使他们将来更易于焦虑和沮丧，孩子长大后甚至会丧失掉独立的能力。

一位母亲被她的孩子伤透了心，因为她的孩子什么都不会做，如今30多岁的年纪了，甚至不懂得该如何去恋爱，她不得不去找心理专家。

专家问："孩子第一次系鞋带的时候，打了个死结，从此以后，你是不是不再给他买有鞋带的鞋子了。"

夫人点了点头。

专家又问："孩子第一次洗碗的时候，打碎了一只碗，从此以后，你是不是不再让他走近洗碗池了？"夫人称是。专家接着说："孩子第一次整理自己的床铺，整整用了两个小时的时间，你嫌他笨手笨脚了，对吗？"

这位母亲惊愕地看了专家一眼。

专家说道："孩子大学毕业去找工作，你又动用了自己的关系，为他找到了一个令人羡慕的职位。"

这位母亲更惊愕了，她从椅子上站了起来，凑近专家说："你怎么知道的？"

专家说："从那根鞋带知道的。"

这位母亲问："那我该怎么办？"

专家说："当他生病的时候，你最好带他去医院；他结婚的时候，你最好准备好房子；他没钱的时候，你最好给他送钱去，这是你以后最好的选择，别的我也无能为力。"

很多父母就像故事中的那位母亲一样，在孩子的身上倾注了无限的爱，这种爱没有原则，毫无节制。孩子在他们的心中是心肝宝贝，他们不惜牺牲时间、金钱、精力等一切可能的代价，去换取对孩子的爱。

但事实上，对孩子的爱过了头，反而对孩子造成了伤害。例如父母对他们的大包大揽常常会使孩子变得懦弱无能。例如上述案例中，孩子最后连恋爱都不会谈，这实在是件可悲的事情。

那么作为父母，该如何正确地关爱孩子呢？以下两点值得借鉴：

第一点是原则问题坚决不让步。

俗话说"无规矩不成方圆"，在教育孩子方面也是同样的道理。父母如果缺乏原则，就无法对孩子进行正确的教育。

当孩子提出不合理的要求时，父母不要出于迁就而妥协退让，也不要像上面故事中的女士那样模棱两可、优柔寡断，从而给孩子以可乘之机。正确的做法应该是，斩钉截铁地给予回绝，不留任何余地。

策策是个初二年级的中学生，看到班里一些同学有了手机，就央求爸爸也给他买一部。

对于儿子的这个要求，策策的爸爸一口回绝了。不过，策策并没有就此放弃，软磨硬缠地找妈妈买手机。妈妈同样不答应她，只是严肃地说："你现在没有用手机的必要，而且不要去追赶时髦。"

见找妈妈也行不通，策策难过得蒙头大睡，一个下午也没离开卧室。

晚上，加班回来的爸爸走进儿子的房间，语重心长地说："策策，虽说买个手机也不会影响咱们家的经济状况，但是这个东西并不是必需品。你每天上学下学都有姥爷接送；学校里有什么事，老师会给我们打电话；咱们家里也有座机，你的同学需要联系你，可以打家里电话。所以爸爸妈妈都不同意给你买手机。"

听了爸爸的话，策策彻底打消了买手机的念头，第二天照常上学去了。

第二点是多鼓励孩子自己解决问题。

父母不要一看到孩子面露委屈，就立刻插手帮助孩子。父母要让孩子自己去体验，然后振作起来；如果孩子情绪反应过度，父母要给予温情的鼓励，让孩子摆脱失望、伤心等不良情绪反应，及时树立信心。

锐锐身体素质很好，因此在学校总是吹嘘自己是个体育健将。也不怪他吹牛，谁让他拿到了百米冠军呢？面对老师的嘉奖、同学的羡慕，锐锐早已认定自己是"刘翔的接班人"。

看到锐锐的扬扬得意，爸爸意识到孩子的思想出了问题。于是，他带着锐锐去爬一座比较陡峭的山。山路高低不平，锐锐也感到了一丝难走。不过，爸爸并没有说什么，而是鼓励他继续前行。看到锐锐踩到小坑里摔倒在地，他也没有马上搀扶，而是鼓励道："摔倒了，勇敢的孩子要自己站起来哦！"

一趟下来，锐锐已经气喘吁吁。他这才明白，原来自己的身体根本没有想象得强壮。从这天起，他再也没把过去的成绩挂在嘴上了。

只有经历过风雨历练的石头，才有变成宝石的机会。所以，日常生活中，父母们要避免帮助孩子创造一个"万事如意"的成长环境，让他们养尊处优。正确的做法是，时常给孩子"创造"一些困难和障碍，让他们去经历一些挫折，战胜一些挫折。要知道，这会是孩子成长和独立过程中最珍贵的财富，也会是他们成材成功最需要的养分。

歪理二：家不是个可以讲理的地方

在哪儿都可以有脾气，就是在家没脾气，确切地说谁都可以在家里面耍个赖嚣张一下，不出圈子谁都会原谅你，因为家本身就没有什么道理可讲。既然无条件接纳，也必将无条件包容。

生活中当然需要追求真理，但是对真理的追求，也要保持在一定范围，如果不分场合，总是强调绝对的"客观"，那最后这些"真理"带给自己的必然不是幸福，而是祸端。对于家庭生活，更需要两个人的容忍与包容，遇到一些事情，有时睁一只眼、闭一只眼，也许可以让家庭的关系更为融洽一些。

俗话说："百年修得同船渡，千年修得共枕眠。"能成为夫妻，那是前世修来的福分。在芸芸众生中，能和一个人相识、相知、相恋、相伴，这是一件非常难得的情缘！

但有些人不懂得去珍惜这份缘分，不区分场合，总是和爱人较劲。每天工作的压力已经很大了，回到家中，还要为家庭中一大堆琐事斗嘴，矛盾在平淡日子里滋生蔓长，这样的生活又怎有幸福可言？

有些人得理就不饶人，只图自己痛快，不注意控制自己的情绪，最后造成不可挽回的结果。其实，家不是一个可以讲理的地方，许多问题无需分出高下。遇到事情，适当保持"糊涂"一些，就可以避免很多的摩擦。

对于家庭生活而言，最忌讳的就是讲道理，越讲越会牵扯出更多争执，结果，两人的生活就像是科学家在求证真理，总是用标准去衡量所有的行为，最后闹得天昏地暗，也不会产生任何结果，完全得不偿失。综观我们身边，有多少夫妻为了占得"理"字就彼此争执，甚至大动干戈，在纠缠不休中淡漠了爱情，最后劳燕分飞，原本的爱人最后成了陌路冤家。

在某晚报上，曾报道了这样一件事情。

2008 年 8 月 19 日，在吉安县，一对夫妻吵架后，双方都说要喝农药一死了之。

本来妻子只是随口说说而已，可谁料想丈夫却真的较起劲来，拿起一瓶农药就往自己嘴里灌。

最后，丈夫由于中毒过深，救治无望，离开了人世。此时的妻子感到痛不欲生，后悔当初不该如此计较生活中的一些小事。

人们常常把爱情比做糊涂的爱，认为爱就是一种说不清道不明的东西。婚姻更是如此，对于婚姻生活而言，更需要用一个望远镜才能看到它的轮廓，而不能用显微镜去研究它的细节。生活中总有很多说不清道不明的地方，也就需要我们能大而化之，以包容的态度去对待。如果总是太较真的话，就会像上面的例子一样，夫妻双方因为太过较劲，假戏真做，酿成不可挽回的悲剧，才会明白这份对待生活应有的态度。对待生活，一定要懂得这样的道理——既为夫妻，切莫讲理；面对分歧，要先学会使用"包容"，而后再使用"评理"。

爱人看似不可理喻的时候，其实更是他希望能得到你宠爱、慰藉和理解的时候。这时候道理并不是最重要的内容，来自对方的呵护才是最为关注的对象，而这也是解决矛盾的最好"良剂"。遇到问题的时候，你可以这样想，她是你的妻子，不在你面前撒撒娇、要要赖、使使坏，你让她能找谁去？他是你的丈夫，在外边可能顶着诸多压力，无处释放，不在你这宣泄又能在谁那里找到依靠呢？

一个老农民在去赶集的路上，用一匹马换了一头母牛，然后用母牛换了一只羊，用羊换成了鹅，用鹅换成鸡，最后用鸡换了一个烂苹果。

他换来换去，换的东西越来越不值钱。当他回到家的时候，拿出了那个烂苹果，并且讲了他在路上所发生的故事。他的老婆没有丝毫的生气或者抱怨，相反却总是在夸他每次的选择都是对的。

因为不较劲，不过于讲所谓的道理，他们的婚姻才得以幸福地保持下去。所以说，不较劲的人才明白生活的真理，具备婚姻的大智慧；会装傻的人的婚姻才是稳定而快乐的婚姻。

2006 年情人节这天，美国有线电视网 CNN 隆重推出了一对夫妇，他们是 102 岁的丈夫兰迪斯和 101 岁的妻子格温。在离婚率居高不下的美国，他们创造出了一项纪录——他们幸福的婚姻生活居然维持了整整 78 年时间。人们纷纷问他们有何爱的秘籍？"在家里的时候，没什么值得较劲的事情，或者说，家人之间是没有道理可讲的，该闭嘴的时候就闭上嘴巴，就可以了。瞧，78 年我们就这样过来了！"这就是他们对生活的诠释。

幸福，只是因为人们懂得家不是一个可以讲道理的地方；不幸，是因为有人把家错误地当成了讲道理的地方。在家这个地方，讲得更多的是爱，是彼此的包容和理解，除非两个人真的不想在一起过了，那就开始学着用各种"真理"标准去衡量彼此的行为，不用多久你们就会获得坚持"真理"的后果。最会讲理的夫妻没有爱。太爱讲理了，他们的感情就不会再容纳包容，什么事情都要讲究清晰，在彼此之间就很容易划分出明确的界限，而这对于生活而言，自然是极为不利的。

所以，不要和爱人较劲，必要的时候保持缄默不语，就会让很多说不清道不明的事情大而化之，而你也会收获人间最美的幸福。

歪理三：处好婆媳关系，女人何苦为难女人

婆婆和儿媳不是一出对台戏，但要是都不懂让步说不好这一老一少两个女人就会成为冤家。本来就不是一个时代人，代沟和隔阂也是在所难免，本应退一步海阔天空，可女人为什么一定要为难女人呢？

家家有本难念的经，其中的一本经就是"婆媳关系经"。自古以来，在家庭生活中，两代人之间发生矛盾，最为明显、最为常见的起因，就来自婆媳关系。

可以说，婆媳关系是永恒的话题，在影响婚姻幸福及家庭和睦的诸多因素里，"婆媳关系"可谓是仅次于婚外恋的破坏夫妻感情的又一杀

手，甚至有人戏称其为影响婚姻质量的"恶性肿瘤"。

由此可见，婆媳关系处得如何对婚姻的影响力和伤害性非同一般呀，这不得不作为青年男女步入婚姻殿堂前的一门"必修课"。

电视剧《双面胶》讲的就是现代版的婆媳大战。上海姑娘丽娟嫁给东北小伙子亚平。在婆婆未到来之前，他们夫妻二人生活得相当温馨甜蜜。亚平是个标准的好丈夫，对老婆嘘寒问暖，关心备至。

但是，当媳妇遭遇婆婆，这让丽娟感觉家里不再温馨了。其导火索都是寻常小事，比如谁洗盆刷碗、谁拿电视遥控器等。可就是这些日常琐事不动声色地一点一点剥出婆媳间的矛盾。加之关于孩子、金钱等纠纷，让她们的矛盾与日俱增，摩擦不断升级……

很多人都觉得《双面胶》剧中人所遇到的许多问题，在我们的生活中都将面临或正在面临。为什么婆媳之间的矛盾如此难以调和呢？

有人说，婆媳关系不好，是因为双方没有血缘关系。可是公公和儿媳妇之间也没有血缘关系，他们的矛盾并不常见。岳父、岳母和姑爷之间同样没有血缘关系，有矛盾的也不多。有的岳母对姑爷比对亲生儿子还好。所以，婆媳之间矛盾多，恐怕还得从女人的家庭角色、女人的特性和婆媳之间的特殊关系上找原因。

首先，中国自古主张"男主外，女主内"。女人通常是包揽家务，掌管财务的。这些事太烦琐细微了，而婆媳又来自两个不同的家庭，因而难免产生分歧和矛盾。而婆婆做了几十年的内当家，现在把权力交给媳妇，媳妇在家庭事务中唱起了主角。对这种角色的转换，做婆婆的往往不易适应。

　　其次，爱唠叨、小心眼、敏感多疑也是女人的一大特点。婆媳同为女人，自然会有相互厌烦、猜疑、较劲的时候了。

　　再次，有些婆婆对儿媳有敌视态度，生怕儿子因为媳妇而与母亲疏远；有的媳妇很在意自己在丈夫心中的地位是不是最高的，是不是比过了婆婆。这种内心深处的矛盾和戒备，往往成为激化婆媳矛盾的潜在的"催化剂"。

　　此外，做婆婆的这一辈子是如何对待自己丈夫的，她也希望儿媳妇如何去对待自己的儿子。那么，在对这同一个男人的爱上，婆媳二人就会引发冲突。可是，现代的职业女性在外边承担着和丈夫一样的压力，她们也朝九晚五，不得清闲，回到家里，很难会有精力为老公和婆婆做一大桌好菜，然后收拾家伙、做家务。媳妇也是人，同样会感到累。可是，大多数婆婆很难接受这一点，认为儿媳妇没有尽到做妻子的职责。

　　当然，引发婆媳之间矛盾的原因还有很多，不一而足，在此不一一赘述。实际上，即使婆婆和媳妇都通情达理，都是大善人，她们同在一个屋檐下也会发生很多不快。婆媳矛盾一旦形成，家庭不和谐现象就会出现，这时婆媳矛盾如再继续发展，往往就会引发夫妻之间的婚姻问题。所以，我们应该采取有效的方式化解婆媳矛盾。

　　首先，做婆婆的不要认为自己的儿子把爱全部给了媳妇而怨恨她，也不要总想跟媳妇争宠。想一想自己年轻当媳妇时的苦衷吧！那时，你不是也希望婆婆能多给自己和丈夫一些自由的空间，希望丈夫多给自己些温情和爱意吗？设身处地地为媳妇想一想，就会理解儿子和媳妇的情意绵绵了。对媳妇多点理解、体谅、关心和帮助，那么，媳妇即使"是块石头也能被焐热的"。

然后，婆婆还应该心存感恩。毕竟这媳妇不是外来侵略者，不是来与你争夺儿子的，相反地，是这个媳妇让你的儿子结束了漂泊不定的单身生活，她不仅照顾着你的儿子，而且还不辞辛苦地为你家生儿育女。因此，不要总想着与媳妇争夺家庭控制权。家和才能万事兴，你对媳妇好就是对儿子好。如果你常在儿子面前赞扬媳妇，话传到媳妇的耳朵里，她一定会更加敬重你。

作为一个有修养的媳妇，同样也要对婆婆持有一颗感恩的心。别的暂且不说，每天和你相亲相爱的老公是婆婆含辛茹苦拉扯大的，也许她给不了孩子良好的物质条件，但是每个母亲对孩子的爱都是无价之宝，是任何东西都无法衡量、无法比较的。老公是婆婆生养的，没有婆婆，哪有老公！

作为媳妇，要理解婆婆对儿子的爱。一般来说老年人孤寂感比较强烈，特别是老伴去世、身体多病的老人，在感情上十分需要儿子的倾斜，同时又担心媳妇疏远自己，或对自己不闻不问。在这种情况下，做媳妇的就要理解婆婆的心情，体谅老公的难处，主动向婆婆示好，尽量满足婆婆的需求，这时你才能真正体会到心底无私给自己家庭和生活带来的那份愉悦、那份坦然、那份轻松。

另外，媳妇还要尊重婆婆的看法。在婆婆眼里，儿子是一个长不大的孩子，而媳妇则是个成年人，不该再染有孩子的习气。那些爱撒娇的妻子为了家庭的和睦，在婆婆面前不妨忍一忍，尊重婆婆的看法，撒娇必须回自己的卧室。媳妇要做到适时适当地约束自己，得到的回报将会更多。婆婆对儿子的爱也许是你改善与婆婆相处的心理基础，让婆婆时时感受到你对丈夫的关爱与照顾是如此的周到，这样，她才会从心底认同你，放心地将儿子交给你。

另外，在婆媳关系中，儿子的"中介"作用是相当重要的。婆媳关系本来就是亲子关系与夫妻关系各自的延伸而形成的一种新的家庭人际关系，儿子在婆媳关系中扮演着"中介"角色。婆媳之间发生矛盾时，儿子可以起疏导作用。由于婆媳之间既缺少母子间的亲切，又没有夫妇间的密切，因而出现了隔阂往往不容易消除，通过儿子从中周旋，可以消除心理屏障，从而使婆媳和好如初。

歪理四：对爱人，睁一只眼闭一只眼

婚前睁大眼是因为你要选择一个你受得了的，既然有把握受得了，那么结婚以后，就对你身边那位好点，学学猫头鹰，做做糊涂神，既然当初有信心耐受得住，现在就把一只眼闭上休息休息吧。

现在许多年轻夫妻都在追求独立，生活独立、经济独立、人格独立……对，我们每个人都有追求独立的权利，这件事情是无可厚非的，并且还应该大力支持。然而，有一些人把这种独立看成绝对的独立或自由，任何事情都不允许别人干涉，如果别人一旦触及他某一方面的利益，他就会像刺猬一样竖起身上的利刺来保护自己的利益。

就拿经济来讲，独立固然很好，但并不等于说夫妻双方就要严格划分出二人之间的经济界限，各挣各的，各花各的，双方绝不允许对方侵犯一点自己的经济利益。这样的两个人，根本没必要一起生活了，因为他们的关系早已名存实亡、形同陌路了。

有这样一对年轻的夫妇，打结婚那天起就立下了一个规矩，你的钱是你的，我的钱是我的，婚姻是靠感情维系的，钱却是要 AA 制的。本以为这样一来，大家两不相欠，公平合理，谁也没必要去管谁，可时间一长他们之间的婚姻还是发生了问题。

男人开始怀疑女人是不是有什么别的企图，而女人开始怀疑男人是不是手里的钱太多准备到外面干坏事。总而言之，双方嘴上不说，但心里却开始彼此猜忌，将手里的钱抓得越来越紧。今天女人看见男人老晚回家就开始琢磨是不是他在外面跟别的女人玩儿了一晚上，男人有钱了，肯定就是会学坏的。而明天，为了报复赌坊的这种卑劣行为，女人也有意晚回家，还把自己捯饬的花枝招展，回来以后也是如一缕清风一般兴奋地飘飘然，但任凭男人怎么问，她就是不告诉他自己去了哪儿。于是男人开始琢磨，究竟她捯饬那么漂亮干什么去了？而且还带回来那么多新鲜的话题，谁跟她说的呢？莫非是因为有钱了，所以到外面去招惹别的男人了不成？就这样循环往复，两个人由起初的在乎，变成在意，又从在意变成了猜忌，而后又转变成了对对方时不时产生的反怒，而当愤怒无济于事的时候，两个人反倒平静了，因为他们觉得感情已经偏向于淡漠，大家都觉得已经没有继续下去的必要了。

正当他们准备将这段婚姻结束了事的时候，有一位长者向他们提出了中肯的建议。建议他们每个月轮换掌管财政大权，并且不管是谁出去有事，都要提前告知另外一方。如果真的出现了需要巨额破费的事情，两个人一定要用一个小时候的时间开一个小型的家庭会议，来探讨一下这个钱究竟有没有必要花出去。看着这么多老人苦口婆心的劝说自己，这小两口碍于面子，终于决定勉强试试看。结果没有想到的时候，不到一年的时间，两个人反倒又过到一块儿去了。第一个月，男方把工资的百分之八十上交女方管理，第二月再轮到了女方，其中固定多少钱需要固定存起来，多少钱是可以财政掌管者自由支配家庭开销，而多少才是两个人分别的零花钱，除此之外因为很多花钱的事情必须达成共识，因此他们必须坐下来彼此就和着探讨问题。所以交流的时间也就越来越多，双方也对彼此有了新的认识，彼此的隔阂和猜忌也就彻底打开了。

很多人都把配偶看成是自己的私有财产，从而干涉对方的社交和限制对方行动，这样做是非常愚蠢的。俗话说："物极必反。"管得太死，就会让对方产生逆反心理。对方不仅认为你这样根本不是爱他的表现，反而觉得你管得太多，不信任自己。如果整天疑神疑鬼，整天管着对方，这也不行，那也不对，这样的爱会让人喘不过气来，爱情之火也会随之熄灭。

聪明的做法是，不要把所有的事情都弄个明明白白，也就是我们所说的"三分流水二分尘"，就算你天生有一只天眼，洞悉世事，到头来伤了的不仅仅是眼睛，还会连累婚姻。只要把握住婚姻生活的大方向，不偏离正常的轨道，那些鸡毛蒜皮的小事还是不要过于计较了。

戴尔·卡耐基认为，人格成熟的重要标志就是忍让、和善、冤吞。与其费尽心机地去管对方，倒不如试着妥协一下。

歪理五：亲密无间，幸福就会有"间"

即便是伴侣也没必要天天在一起起腻，就好比肉好吃，吃多了肯定会出问题。爱情好比配菜，时间、空间都是调味搭配的材料。再好吃的东西每天吃也会烦，更何况是一个每天都要跟你见面的大活人呢？

很多人以为，亲密无间是维持夫妻关系的最佳状态，于是婚后巴不得时时刻刻能够和爱人腻在一起，耳鬓厮磨，在婚姻的城堡里忘却春夏与秋冬，呼吸着彼此的呼吸，感受着彼此的感受。

殊不知，两个相爱的人亲密过度，不给对方留空间，相处时间长了，人在幸福之余就会感到"有点累，有点烦"，生活中的矛盾也就不断增多了。就如同汽车与汽车之间没有一定的安全距离就容易撞车，两只刺猬靠得太近的话身上的刺就会刺伤彼此。

每天先生上班后，身为家庭主妇的贾妮就一个人在家买菜、做饭、看电视、锻炼身体等，时间完全由自己安排，做一切事情都无拘无束，就连拖地板也爱哼着歌儿。他们夫妻间的感情更是深厚，两不相疑。

为了能尽量多地陪陪妻子，在设计院工作的先生宣布要做SOHU族，把工作室搬到了家里。刚一开始，夫妻两人还快乐地在家一起做饭、吃饭，享受美好的二人时光，但时间不久，夫妻之间爆发了玫瑰战争。

先生横看竖看贾妮不顺眼，说边看电视边择菜做事没个做事的样子，嫌她炒菜不是咸了就是淡了。贾妮觉得和先生相处也特别难，她每天看着哑巴电视，做饭、打扫卫生更是蹑手蹑脚，不敢发出刺激的声响。久而久之，她觉得生活不再有乐趣，情绪也变得十分消沉。

毫无疑问，两人的生活距离近了，可是心理距离却渐行渐远了。

因此，两个人无论怎样亲密，也必须有一定的距离。都说距离产生美，但是夫妻之间保持怎样的距离才会产生美呢？这个距离其实就是我们今天要说的亲密有间的这个"间"。

小米是一个成功经营婚姻的女人，她就非常懂得给丈夫留一些独处的时间，下面来看看她是如何做的。

小米是个十分幸福的女人，结婚6年来与老公一直和和美美，就连红脸的时候都很少见。有好友请教小米经营婚姻的秘诀，小米温柔地回答道："因为我们虽然亲密，但保持了必要的距离。"

由于老公是大学老师，经常要外出讲课，结识了很多朋友。这些朋友经常会邀请老公出去喝酒，小米从来不追问他跟谁喝酒。每次老公喝得喜气洋洋地回家，她也不会因为自己被忽略了而怪罪他，反而更加温柔体贴地对待老公，唤醒老公对自己的爱。

有时候，老公的朋友会来电话、寄信或是前来做客。小米从来不在乎老公的这些朋友是不是异性，对于他们打来的电话、寄来的信件她更是不横加干涉。倘若有朋友来访，她还会热情地款待他们。

"两个人再怎么相爱，仍然是两个不同的个体，不可能变成同一个人。把老公作为独立的个人予以尊重，并给老公留独处的时间，所以，我们的婚姻才能如此和谐。"小米笑着补充道。

的确如此，在男人的天性里，他们除了希望从女性的需求和拘束之中获得关爱之外，还希望获得一个以自己的方法来支配自己的灵魂的机会，不给对方留些许独处的时间，那种令人"无间"的紧张状态会让人无法享受自由独立的幻想，时间久了就难以忍受，忍不住想逃。

有一位事业有成、外貌潇洒的标准单身男人曾说："如果能有一个女孩愿意陪伴我，而在我希望独处的时候，能够理解和尊重我的这一基本要求，让我自己去做我自己喜欢的事，那么我就会爱上她，并马上与她结婚。"

总之，激情总会过去，等婚姻进入一个稳定阶段时，你要懂得亲密有"间"，给对方适当的自由，这是保证婚姻和谐美满的最基本前提。不过，其间分寸的把握，方式的选择都是因人而异的，最好不要一概而论，否则婚姻关系又将走入另一种无"间"了，这也是要不得的。

歪理六：厨房不是女人的天地，男人也要有"铲权"

人是独立的个体，谁离开谁都要活下去，即便是夫妻，也没有必要把家里的哪一部分划分为某人理所应该待着的地方。如果厨房是女人的天地，那么女人一周不在，男人就准备抱着"铲权"等死吗？

女人扎了堆，就会叽叽喳喳地说个不停，东家长，西家短，但是谈论最多的还是自己的老公。"他总喜欢把东西乱丢，完了还得我收拾""家里垃圾成堆他都视而不见""他连自己的臭袜子都要我洗""他从来不进厨房，我做好饭还得帮他盛"……我们常常会听到女人抱怨男人不做家务的话。

的确，很多男人没有做家务的意识，他们把女人做家务当成了理所当然的事。其实，现在不是古代，女人也像男人一样在外打拼，工作家庭两头兼顾往往让她们身心疲惫。这一点，也让很多女人开始惧怕婚姻，担心自己被套上枷锁。

其实，女人也无需惧怕，我们既要懂得和男人分享婚姻的甜蜜，也要和男人分享婚姻里的烟火气息。适当地培养他们做家务的习惯，适时地为他们递去炒菜的铲子，会给婚姻增加别样的趣味。

拉拉和云峰恋爱的时候，云峰很疼拉拉，经常在家里做上一大桌可口的饭菜，叫上拉拉和她的死党们一块去品尝。每每在风卷残云般地吃光所有的菜之后，死党们都会竖起大拇指说："拉拉啊，你真走运，捡到了全天下最好的男人。"每当这个时候，看到死党们美慕的眼光，拉拉就幸福得好像住在云朵里。

就在朋友们的美慕眼光里，拉拉和云峰在一年之后走进了婚姻的殿堂。结婚之后，拉拉为了做一个标准的贤妻良母义无反顾地进了厨房……可是，没干几天她就厌恶了厨房里的油烟味，还感觉自己也变得蓬头垢面了。为了不让自己过早地变成黄脸婆，拉拉又萌生了让云峰进厨房的念头。

平常在家里，拉拉和云峰喜欢依偎在一起看电视，这天，他们无意中看到《天天饮食》这个节目，当看到主持人挥动着锅铲出现在荧屏上，拉拉灵机一动，不失时机地对云峰说："老公，你看，男人在厨房里做菜的样子最有魅力了，当初我就是因为喜欢你做菜的样子才嫁给你的。可是，我好久都没有吃过你做的菜了。"

云峰看见老婆撅着一张小嘴娇憨可爱的样子，忍不住说道："好，今天我就露一手，看看我的厨艺有没有退步。"拉拉表面上不露声色，其实心里别提多得意了，老公已经跨入自己的温柔陷阱了。

看完节目后，云峰就主动地走进了厨房，没过多久，就做出了一桌子的菜，引得拉拉食指大动，狼吞虎咽地吃着，不停地称赞着云峰的厨艺。看到拉拉的样子，云峰感觉很幸福。

从这以后，云峰只要有时间就会为拉拉做上很多美味，拉拉还经常把以前那些还在身边的死党请到家中聚会，让大家领略老公的厨艺。听了大家的啧啧赞叹，云峰和拉拉感觉回到了恋爱的时候，别提多么幸福了。云峰下厨房的积极性更加高涨，拉拉心中这个乐呀，对自己的"阴谋诡计"十分得意。

可是，好景不长，日子久了，云峰也厌倦了，时不时地嚷着要拉拉露一手，调节一下胃口。整天吃云峰做的菜也腻了，于是，拉拉又管起了锅碗瓢盆。

拉拉这次掌勺后，云峰就再也不轻易大显身手了，即使偶尔做一次，也没有以前美味。拉拉很是纳闷，把她的疑惑告诉了一个死党。死党听了之后，大笑拉拉太笨，连云峰这样一个拙劣的计谋都看不出。原来，不是云峰厨艺退步，而是他想借此逃避下厨房。

"好啊，既然你不仁，那小女子也就不义了。"拉拉咬牙切齿地说道。

那天晚上，云峰下班回家后，就发现拉拉病了。云峰急坏了，不但端茶倒水，伺候得周周到到，还下厨房给拉拉做了一碗色香味俱全的鱼汤。拉拉享受着老公的关爱，心里异常甜蜜，也为自己的奸计得逞而得意。从那之后，拉拉就开始隔三岔五地小病一回了。云峰不知是计，每次都忙前忙后。拉拉心里感到很甜蜜，因为他提供的不仅仅是美食，更有一份关爱。

虽说拉拉的演技很好，但是再高明的戏也有穿帮的时候。拉拉和云峰的厨房较量最终以一三五拉拉下厨，二四六云峰掌勺，星期天夫妻二人携手劳作而告终。这样的明确分工后，夫妻俩不但厨艺都大有进步，而且感情也越来越好了。

现实生活中，很多女人为男人不做家务而伤心、失望，并对幸福的婚姻生活失去了信心。其实，生活中处处有惊喜，即使平常的居家生活里也有幸福的味道，只要我们稍微动一点脑筋，就能在日常的琐碎生活里，挖掘出属于两个人的"甜蜜素"，从而使平淡的婚姻生活得到滋养。

适当地交出你的"铲权"吧！不但能够调节自己的厌烦情绪，还能适当地增加生活情趣，在激情退却后的平淡生活里尝到幸福的滋味，何乐而不为呢？